普通高等教育公共基础课系列教材·计算机类

计算思维与C程序设计

主　编　张　俊　张自力　刘　菲

副主编　孙爱蓉　张　蕾　李亚楠

主　审　王海晖

科　学　出　版　社

北　京

内 容 简 介

本书以培养计算思维能力为导向，系统地介绍计算思维的相关概念、计算机硬件的基础知识、结构化程序设计的基本思想与算法描述，以及基于计算思维的 C 语言程序设计的基本概念、相关语法和编程方法。本书层次清晰，以循序渐进的方式介绍 C 语言的语法体系。全书案例丰富，难易适中，通过对大量案例进行分析，帮助读者理解和掌握运用计算思维解决实际问题的方法。

本书具有很强的实用性，适合作为高等院校“C 语言程序设计”课程的教材，也可作为高等院校成人教育的教材或者参考书。

图书在版编目(CIP)数据

计算思维与 C 程序设计 / 张俊，张自力，刘菲主编. —北京：科学出版社，2021.8

ISBN 978-7-03-069098-2

Ⅰ. ①计… Ⅱ. ①张… ②张… ③刘… Ⅲ. ①计算方法-思维方法-高等学校-教材 ②C 语言-程序设计-高等学校-教材 Ⅳ. ①O241 ②TP312.8

中国版本图书馆 CIP 数据核字（2021）第 110415 号

责任编辑：戴 薇 杨 昕 / 责任校对：王万红

责任印制：吕春珉 / 封面设计：东方人华平面设计部

科学出版社出版

北京东黄城根北街 16 号

邮政编码：100717

http://www.sciencep.com

北京市京宇印刷厂印刷

科学出版社发行 各地新华书店经销

*

2021 年 8 月第 一 版 开本：787×1092 1/16

2021 年 8 月第一次印刷 印张：14 1/2

字数：343 800

定价：48.00 元

（如有印装质量问题 我社负责调换〈北京京宇〉）

销售部电话 010-62136230 编辑部电话 010-62135397-2032

前　言
PREFACE

计算机技术是当今世界上发展迅速、应用广泛的科学技术，它已经渗透到社会的各个领域。对计算机技术的研究促进了计算思维能力的发展。“运用计算思维解决生活中的实际问题”成为衡量现代人才素质的一个重要标准。

本书以教育部非计算机专业计算机基础课程教学指导分委员会提出的《关于进一步加强高等学校计算机基础教学的意见暨计算机基础课程教学基本要求（试行）》（简称“白皮书”）中程序设计基础大纲为依据，结合近年来 C 语言程序设计基础教学实践经验编写而成。本书力求通过简洁明晰的案例及其分析，帮助读者掌握程序设计的基本理论和方法，以问题求解为目标，培养读者的计算思维能力和应用编程能力，并兼容计算机等级考试大纲的要求。

本书以计算思维为理念，以 C 语言的基础理论为主，重点讲解程序设计的基本理论、方法和实际应用；从思维入手，依靠计算机工具的辅助，实现以程序设计的方法和技巧来解决实际问题。书中的案例可以在 Visual C++ 6.0 集成开发环境下编译运行。同时，本书配套《计算思维与 C 程序设计习题和实验指导》（张俊、刘菲、张自力主编，科学出版社出版）。

王海晖负责全书的主审，并在本书编写过程中给予了全程指导，在此表示感谢。

本书由张俊、张自力、刘菲任主编，具体编写分工如下：第 1 章、第 5 章由刘菲编写，第 2 章、第 6 章由张蕾编写，第 3 章、第 4 章由李亚楠编写，第 7 章、第 10 章、第 11 章由张自力编写，第 8 章、第 9 章由孙爱蓉编写，第 12 章由张俊编写。

本书源于程序设计基础教育的教学实践，凝集了任课教师多年的教学实践经验，由于计算机科学技术发展迅速，程序设计的教学内容、方法和手段日新月异，加之编者水平有限，书中不足之处在所难免，敬请读者批评指正，以便在今后进一步完善。

目　录
CONTENTS

第 1 章　计算思维概述

著名计算机科学家、1972 年图灵奖得主艾兹格 • W. 迪科斯彻（Edsger Wybe Dijkstra）说过一句话："我们所使用的工具影响着我们的思维方式和思维习惯，从而也将深刻地影响我们的思维能力。"计算工具的发展和人们思维能力的延伸相辅相成。随着计算机科学的不断进步，运用计算思维抽象和解决实际问题，将成为每个人必须具备的基本技能。

1.1　计算与生活

1.1.1　什么是计算

计算，生活中无处不在。

商店的老板每天要结算当日的营业额；城市的居民会谈论房价的涨跌；工人们会关注新技术的引进可以为他们节省多少工作时间；学校的学生会比较自己的成绩在年级中的排名；医院的医生会统计疫苗接种的数量、地理分布、人群年龄和不良反应等。具体到日常生活中的每一天，打开手机，我们可以通过外卖应用软件（application，App）订购午餐，浏览一下天气情况，查询股票行情，看看购买的商品的物流信息，刷一刷微信的朋友圈，准备出门时还会导航搜索一下路况信息……正如尼古拉斯 • 尼葛洛庞帝（Nicholas Negroponte）在《数字化生存》一书中谈到的，计算不再只与计算机有关，它决定我们的生存。

计算理论认为，计算是基于规则的符号集合的变换过程，即从一个按照规则组织的符号集合开始，再按照既定的规则一步步地改变这些符号集合，经过有限的步骤，最终得到一个满足预定条件的符号集合的过程。

计算有简单计算，也有复杂计算。像四则运算这样，数据符号在运算符号的操作下，按照运算规则进行变换，进而获得正确结果的过程就是简单计算；需要通过研究计算规则并简化计算方法，使人们能够应用规则进行计算，从而获得计算结果的，如函数计算、矩阵运算等，就属于复杂计算。

实际上，很多自然的、人工的和社会的系统中的过程，自然而然地也是计算，计算就是执行信息的变换。这可以认为是广义的计算，即对信息进行加工和处理。从这个角度看，前文所提到的生活的方方面面，只要有对信息的处理变换，都是计算。

计算的可行性是计算机科学的理论基础。可计算性理论是计算机科学的理论基础之一。可计算性理论通过建立计算的数学模型，确定了哪些问题是可计算的，哪些问题是不可计算的。一般来说，如果存在这样一种算法，使输入量和输出量之间有确定的对应关系，则说明这个问题是可计算的。计算的过程就是执行算法的过程。

有些复杂计算问题，即使知道计算规则，但由于计算量庞大，超出了人的计算能力，也无法得到计算结果。这时，就可以设计一些简单的算法，让机器通过重复执行来完成计算，也就是使用机器来代替人进行自动计算，如圆周率的计算等。

1.1.2 计算工具的发展

计算工具是计算时所使用的器具或辅助计算的实物。从结绳记事开始，到算盘、计算尺、差分机，再到第一台电子数字积分计算机的诞生，人们不断地研究和改进计算工具，使计算工具由简单到复杂、由粗略到精确、由手动到自动计算能力不断增强，并且仍在不断地发展中。

1. 早期的计算工具

人类最初用手指进行计算。人有两只手，十根手指，所以自然而然地习惯用手指记数，并且采用十进制计数法。但手指的计算范围有限，结果也无法存储，因此，人们用石头、结绳、契刻来扩展手指的计算能力。由于石头容易遭到破坏，因此，在文字发明之前，在绳子上打结记数和在树木、兽骨等物体表面契刻记数的方法是古人使用最多的两种记数方式。

（1）算筹

继结绳记数、契刻记数之后，中国古人发明了最早的计算工具，称为算筹。算筹是一些长短、粗细相近的小棍子，多用竹子制成，也有用木头、兽骨或象牙等材料制成的，如图 1-1 所示。算筹采用十进制计数法，有纵式和横式两种摆法，都可以表示 1～9 的数符，0 用空位表示，如图 1-2 所示。算筹的记数方法如下：个位用纵式，十位用横式，百位用纵式，千位用横式，万位用纵式……以此类推，这样从右至左，纵横相间，就可以表示任意大的自然数了。

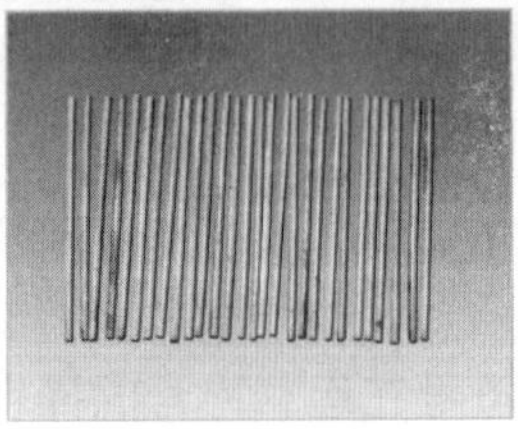

图 1-1 算筹

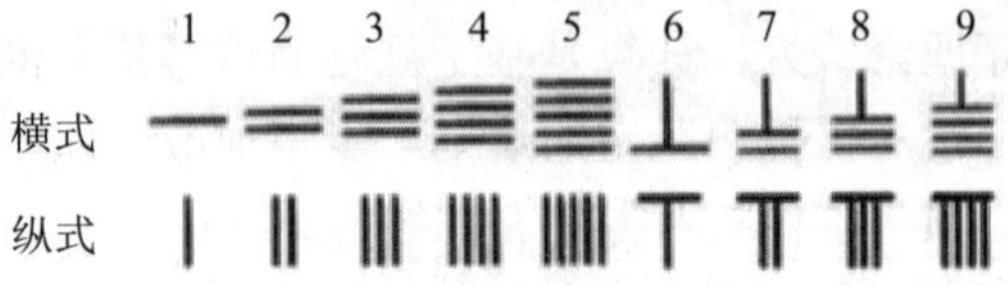

图 1-2 算筹记数

（2）算盘

中国从唐代开始使用算盘。算盘灵活轻巧、携带方便，如图 1-3 所示。算盘的应用极其广泛，先后传到日本、朝鲜、东南亚国家，后来又传入西方国家。它采用十进制记数法，并有一整套计算口诀，如三下五除二、七上八下等，这是最早的体系化算法。算盘能够进行基本的算术运算，还可以存储数字，它帮助中国古代数学家取得了不少重大的科技成果，在人类计算工具史上具有重要的地位。

（3）计算尺

1614 年，苏格兰数学家约翰·纳皮尔（John Napier）发现利用加减计算乘除的方法，并以此发明了对数。纳皮尔在制作第一张对数表时，必须进行大量的乘法运算，于是，他设计了纳皮尔计算尺（也叫纳皮尔算筹）协助计算。1621 年，英国数学家威廉·奥特雷德

（William Oughtred）根据对数原理发明了圆形计算尺，也称为对数计算尺。对数计算尺在两个圆盘的边缘标注对数刻度，然后让它们相对转动，就可以基于对数原理利用加减运算实现乘除运算。17 世纪中期，对数计算尺改进为尺座和在尺座内部移动的滑尺。18 世纪末，发明蒸汽机的瓦特独具匠心，在尺座上添置了一个滑标，用来存储计算的中间结果。对数计算尺不仅能够进行加、减、乘、除、乘方、开方运算，甚至可以计算三角函数、指数函数和对数函数，它一直被使用到袖珍电子计算器面世。图 1-4 所示的是 20 世纪 60 年代使用的计算尺。在那个年代，对数计算尺是理工科大学生必须学会使用的基本工具，是工程师身份的一种象征。

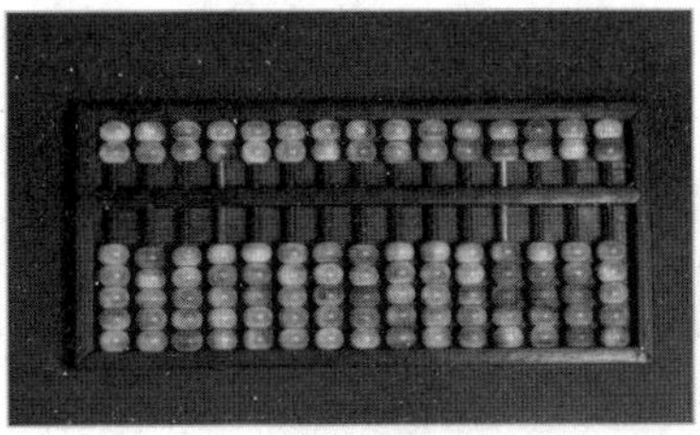

图 1-3　算盘

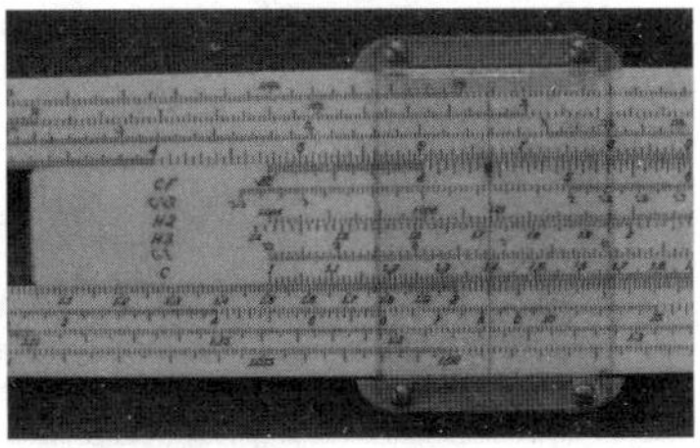

图 1-4　计算尺

2. 机械式计算工具

（1）帕斯卡加法器

1642 年，年仅 19 岁的法国数学家、物理学家布莱士 • 帕斯卡（Blaise Pascal）发明了滚轮式加法器，可以通过转盘进行加法运算。这是人类史上第一台机械式计算工具，它的原理对后来的计算工具产生了持久的影响。如图 1-5 所示，帕斯卡设计的这种加法器是由齿轮组成，以发条为动力，通过转动齿轮实现加法运算，用连杆实现进位的计算装置。帕斯卡从加法器的成功中得出结论：人的某些思维过程与机械过程没有差别，因此可以设想用机械来模拟人的思维活动。

（2）莱布尼茨四则运算器

1673 年，德国数学家戈特弗里德 • 威廉 • 莱布尼茨（Gottfried Wilhelm Leibniz）使用阶梯式圆柱齿轮加以改良，制作出可以进行加减乘除四则运算的步进计算器，如图 1-6 所示。莱布尼茨四则运算器在进行乘法运算时采用进位-加（shift-add）的方法，后来演化为二进制，被现代计算机采用。在这一时期，出现了不少类似的计算工具，除了灵活性有所提高外，都没有突破手动机械操作的局限。

图 1-5　帕斯卡加法器

图 1-6　莱布尼茨四则运算器

（3）巴贝奇差分机与分析机

19世纪初，正值英国工业革命兴起之时，在航海、工业生产和科学研究领域都需要进行大量的计算。科学家们手工编制了许多数学用表，如对数表、函数表等，由于是人工计算，不可避免地出现了很多的错误。1822年，英国数学家查尔斯·巴贝奇（Charles Babbage）设计出差分机的可动模型，希望用机器取代人工来重新计算数学用表。所谓差分，就是把函数表的复杂算式转化为差分运算，用简单的加法代替平方运算。差分机的设计闪烁出程序控制的灵光——它采用寄存器存储数据，并能够按照设计者的旨意，自动处理不同函数的计算过程。由于当时机械加工的精度达不到设计要求，差分机的设计以失败告终。但是在1991年，伦敦科学博物馆根据巴贝奇的设计图纸制作出了完整的差分机，如图1-7所示，最终证明了巴贝奇理论的正确性。

图1-7　伦敦科学博物馆陈列的差分机

1834年，巴贝奇提出了一项更大胆的设计，称为分析机。它的设计原理包括如下方面。

1）存储装置（仓库）：采用齿轮式的存储装置保存数据，既能存储运算数据，也能存储运算结果。

2）运算装置（作坊）：利用齿轮之间的啮合、旋转、平移等方式进行数据的四则运算，乘法采用累加的方法实现。

3）控制装置：以打孔卡中的0和1控制运算操作的顺序，还能够根据运算结果修改运算的进程，实现条件转移。

巴贝奇的分析机是可编程计算机的设计雏形，实际上，我们现在使用的计算机都遵循着巴贝奇的基本设计理念。由于他的设计思想至少超越了一个世纪，机械加工技术无法跟上需要的设计精度，因此巴贝奇耗尽毕生精力也没能制造出一台完整的分析机，但是他提出的设计思想奠定了现代数字计算机的基础。

3. 机电式计算机

（1）霍勒瑞斯制表机

1886年，美国统计学家赫尔曼·霍勒瑞斯（Herman Hollerith）借鉴了雅各织布机的穿孔卡原理，用打孔卡片存储数据，采用机电技术取代了纯机械装置，制造了第一台可以自动进行加减四则运算、累计存档、制作报表的制表机，如图1-8所示。制表机使用打孔卡记录信息，并使用布尔逻辑系统处理二进制数据。卡片由硬纸板制成，有 80 列，可以在特定位置打孔回答问题。这台制表机被许多人认为是第一台计算机，它参与了美国 1890 年的人口普查工作，共做了 6300 万人的调查登记，本来预计 10 年的统计工作仅用了 1 年零 7 个月就完成了，是人类历史上第一次利用计算机进行的大规模的数据处理。霍勒瑞斯运用打孔卡第一次将数据变成了二进制信息，因此也被称为“数据处理之父”。他于 1896 年创建了制表机公司——TMC 公司。1911 年，TMC 与另外两家公司合并，成立了 CTR 公司。1924 年，CTR 公司改名为国际商业机器公司（International Business Machines Corporation），也就是赫赫有名的 IBM 公司。

（2）自动顺序控制计算机 Mark- Ⅰ

1936 年，美国哈佛大学应用数学教授霍华德 • 艾肯（Howrd Aiken）在读过巴贝奇和阿达 • 奥古斯塔（Ada Augusta）（巴贝奇的助手）的笔记后，发现了巴贝奇的设计，并被巴贝奇的远见卓识所震惊。艾肯提出用机电的方式，而不是纯机械的方法构造分析机的设想。在 IBM 公司的资助下，艾肯在 1944 年研制成功了机电式自动顺序控制计算机 Mark- Ⅰ，如图 1-9 所示。Mark- Ⅰ 长 15.5 m，高 2.4 m，看上去像一节列车，有 75 万个零部件，里面的各种导线加起来总长超过 500 km。它使用了大量的继电器作为开关元件，存储容量为 72 个 23 位十进制数，采用了穿孔纸带进行程序控制。它的计算速度很慢，执行一次加法操作需要 0.3 s，并且噪声很大。尽管它的可靠性不高，但是仍然在哈佛大学使用了 15 年。Mark- Ⅰ 只是部分使用了继电器，1947 年研制成功的计算机 Mark- Ⅱ 全部使用了继电器。

图 1-8 霍勒瑞斯制表机

图 1-9 自动顺序控制计算机 Mark- Ⅰ

从 20 世纪 30 年代后期到 40 年代，电子管、继电器、电容器及真空管相继登场，取代机械器件成为计算机的元器件。机电式计算机注定要被电子计算机所替代，实际上，电子计算机的研制几乎是与机电式计算机同时开始的。

4. 电子计算机

第二次世界大战中，美国宾夕法尼亚大学物理学教授约翰 • 威廉 • 莫奇利（John William Mauchly）和他的研究生约翰 • 普雷斯帕 • 埃克特（John Presper Eckert）受美国军械部的委托，为计算弹道和射击表启动了研制电子数字积分计算机（electronic numerical integrator and computer，ENIAC）的计划。1946 年 2 月 15 日，这台标志着人类计算工具历史性变革的巨型机器宣告竣工。如图 1-10 所示，ENIAC 是一个庞然大物，共使用了 18 000 多个电子管、1500 多个继电器、10 000 多个电容器和 7000 多个电阻器，占地面积 170 m^2，重达 30 t，造价 48 万美元。ENIAC 的最大特点是采用电子器件代替机械齿轮或电动机械执行算术运算、逻辑运算和存储信息。因此，与以往的计算机相比，ENIAC 最突出的优点就是高速度。它每秒可以完成 5000 次加法、300 多次乘法，比当时最快的计算工具快 1000 多倍。ENIAC 是世界上第一台能够真正运转的大型电子计算机，它的出现标志着电子计算机时代的到来。

图 1-10　电子数字积分计算机 ENIAC

1.2 计算思维的本质

在人类认识世界和改造世界的过程中，思维占有重要的地位。思维是人脑对客观事物的一种概括的、间接的反映，是人们运用存储在大脑中的知识经验，对外界输入的信息进行分析与综合、比较与分类、抽象和概括等一系列复杂操作的实现过程。

1.2.1 科学思维的分类

理论科学、实验科学和计算科学是科学研究的三大支柱，正推动着人类文明的进步和科技的发展。科学界一般认为，与三大科学研究相对应的是三大科学思维，分别是理论思维、实验思维和计算思维。

1. 理论思维

理论思维又称为逻辑思维，以推理和演绎为特征，以数学学科为代表。理论思维是以科学的原理、概念为基础来解决问题的思维活动，其特点在于抽象性。它通过对问题进行定义，并运用已有的性质或定理进行分析判断，采用归纳演绎等科学的抽象方法，推理出具有普遍意义的规律性的结论。

2. 实验思维

实验思维又称为实证思维，是以观察和实验、总结自然规律为特征，以物理学科为代表。实验思维通过物理实验的方法，对客观世界中观察到的现象进行推断，反复验证实验结果，归纳出反映事物本质的结论。与理论思维不同，实验思维需要借助一些特定设备，通过它们获取数据以进行分析。

3. 计算思维

计算思维又称构造思维，以设计和构造为特征，以计算机学科为代表。计算思维研究的目的是通过提供合适的方法，使人们借助计算机来解决理论思维和实验思维无法解决的实际问题。例如，数学中圆周率的计算、植物学中的斐波拉契数列、玫瑰线方程的研究，化学实验中通过建立数学模型探究各种参数（如反应物浓度、温度、压力）对实验结果的影响等。计算思维通过对问题进行合理抽象，抛开现实世界的物理、化学和生物等特性，建立合适的模型，运用计算机实现自动化求解。

1.2.2　计算思维的理解

1. 计算思维的定义

2006 年 3 月，美国卡内基梅隆大学计算机科学系主任周以真（Jeannette M. Wing）教授在美国计算机权威杂志 *Communications of the ACM* 上给出并定义了计算思维的概念。周教授认为，计算思维是运用计算机科学的基础概念进行问题求解、系统设计以及人类行为理解等涵盖计算机科学之广度的一系列的思维活动。

国际教育技术协会从可操作性的角度定义，计算思维是一个问题解决的过程。这个过程包括提出问题，并能够利用计算机和其他工具帮助解决问题；要符合逻辑地组织和分析数据，并能够通过抽象（如模型、仿真等）再现数据；通过算法思想（一系列有序的步骤），识别、分析和实施可能的解决方案，找到最有效的方案并支持自动化；有效结合这些步骤和资源，将该问题的求解过程进行推广并移植到更广泛的问题中。

【例 1.1】农夫过河问题。一个农夫带着一匹狼、一只羊和一颗白菜，身处河的南岸。他要把这些东西全部运到河的北岸。他面前只有一条小船，船只能容下他和一件物品，只有农夫才能撑船。如果农夫不在场，则狼会吃羊，羊会吃白菜。狼不吃白菜。请考虑一种方案，使农夫能够安全地将所有物品运过河。

（1）建立模型，简化问题

求解这个问题的简单方法是一步一步进行试探，每一步搜索所有可能的选择，当前一步合适时再考虑下一步的各种方案。为了模拟农夫过河问题，需要对问题中的每个角色所处的位置建立数学模型。

可以用 4 个二进制数分别表示农夫、狼、羊和白菜所处的位置。用 0 表示在河的南岸，用 1 表示在河的北岸。那么，现在的问题就简化成：如何从初始的状态 0000（全部在河的南岸）出发，寻找一种全部由安全状态构成的序列，前一状态可以达到后一状态，以 1111（全部在河的北岸）到达最终状态。这里，安全状态指的是在没有农夫在场的时候，狼、羊的位置不能同时为 0 或者 1，羊和白菜的位置也不能同时为 0 或者 1。

（2）设计算法，解决问题

1）设置初始状态 0000，即农夫、狼、羊和白菜都处于河的南岸。

2）农夫出发，因为狼和羊、羊和白菜不能独自在同一河岸，所以只存在一种方案：农夫带羊过河，即状态变为 1010。此时，农夫和羊在河的北岸，狼和白菜在河的南岸。

3）农夫独自返回，状态变为 0010。

4）农夫可以选择带狼或者白菜过河。假如选择白菜，则状态更新为 1011。

5）羊和白菜处于不安全状态，农夫带羊返回，状态更新为 0001。

6）狼和羊处于不安全状态，农夫带狼过河，状态更新为 1101。

7）农夫独自返回，状态变为 0101。

8）农夫带羊过河，状态到达最终状态 1111，即所有物品安全过河。

农夫过河的状态转换过程如表 1-1 所示。

表 1-1 农夫过河状态转换过程

农夫	狼	羊	白菜
0	0	0	0
1	0	1	0
0	0	1	0
1	0	1	1
0	0	0	1
1	1	0	1
0	1	0	1
1	1	1	1

需要说明的是，上述求解的方案并不唯一。有兴趣的同学可以思考一下其他的解决方案。

通过建立模型将问题简化，再设计算法解决问题，这就是计算思维。更一般地，通过约简、嵌入、转化和仿真等方法，把一个看起来困难的问题重新阐释成一个我们知道问题怎样解决的方法就是计算思维的过程。

2. 计算思维的本质

计算思维的本质是抽象和自动化。它反映了计算的根本问题，即什么可以计算并能够被有效地自动执行。

（1）抽象

抽象是指对客观世界进行建模和模拟，把客观世界的变化表示成为一种计算的过程。计算思维中的抽象，可以超越物理的时空观，完全用符号或者图案表示；它能够判断计算的能力和极限，知道哪些问题可以计算，哪些问题不可以计算；与数学和物理科学相比，计算思维中的抽象显得更为丰富，也更复杂。它可以使人们根据不同的抽象层次，有选择地忽略某些细节，从而控制系统的复杂性，建立有效的计算模型。

算法是抽象的具体体现。它是对问题进行有效分解后，设计的一系列的明确指令或步骤，是合理解决问题的计算方法。

（2）自动化

计算思维中的抽象最终是要能够机械地一步一步地自动执行，这就是自动化。自动化不仅包含自动执行，还包含自动控制。自动控制是在无人直接参与的情况下，利用控制装置使机器设备的某个工作状态或参数自动按照预定规律运行。20 世纪 80 年代以来，随着人工智能技术的发展，自动控制开始走向智能控制。自动化技术的发展改变着人们的工作、生活和学习方式，也改变着人们的思维方式。

3. 计算思维的特征

有关计算思维的特征，可以从以下几个方面总结。

（1）计算思维是概念化，不是程序化

计算机科学不是计算机编程。学习像计算机科学家那样思维，意味着仅掌握计算机编程是远远不够的，还要能够在多个层次上进行抽象思维。

（2）计算思维是基础的而不是机械的技能

机械技能意味着刻板的重复，而基础技能是每一个人为了在现代社会中发挥职能所必须掌握的，就像每个人都应该具备阅读、写作和算术（reading，writing，and arithmetic，3R）的能力，计算思维也应该是现代大学生所具备的基础能力。

（3）计算思维是人的而不是计算机的思维方式

计算思维是人类求解问题的一条途径，本质是人的思想和方法。计算机是枯燥而沉闷的机器，只能按照指令一步一步机械地执行，人类聪颖而富有想象力，正是人类发明并配置了计算机，才赋予计算机有能力解决那些计算时代之前不敢尝试的问题。计算机强大的计算能力帮助人们实现了人力无法实现的想象。因此，计算思维是人的创造性的思维。

（4）计算思维是数学思维和工程思维的相互融合

计算机科学本质上来源于数学思维，像所有的科学一样，其形式化基础建筑于数学之上。计算机科学又从本质上源自工程思维，因为人们建造的是能够与实际世界互动的系统，受计算设备的限制，迫使计算机科学家必须进行工程思考，不能只是进行数学思考。

（5）计算思维是思想，不是人造物

计算思维面向所有人、所有地方。它不仅仅是一件件触及我们生活的物理的软硬件等人造物，更重要的还包括人们用以接近和求解问题、管理日常生活、与他人交流和互动的计算思想。它无处不在，当计算思维真正融入人类活动的整体时，它必然成为人们解决问题的有效工具。

4. 计算思维与计算机的关系

计算思维虽然有着计算机科学的许多特征，但是计算思维本身并不是计算机科学的专属。实际上，即使没有计算机，计算思维也在逐步地发展，甚至有些内容与计算机也没有关系。但是，正是由于计算机的出现，给计算思维的研究和发展带来了根本性的变化。

计算机对信息和符号的快速处理能力，使许多原本只是理论可以实现的过程变成了实际可以实现的过程。海量数据的处理、复杂系统的模拟、大型工程的组织，借助计算机实现了从想法到产品整个过程的自动化、精确化和可控化，大大拓展了人类认知世界和解决问题的能力和范围。机器替代人类的部分智力活动激发了对于智能控制的研究热潮，凸显了计算思维的重要性，推进了对于计算思维的形式、内容和表述的深入探索。在这样的背景下，作为人类思维活动中以形式化、程序化和机械化为特征的计算思维被广泛和仔细地研究。

一个问题如何转换成能够用计算机求解，计算机科学在这样的要求背景下快速地发展。什么是计算、什么是可计算、什么是可行计算，等等，计算思维的这些根本性质得到了广泛透彻的研究。由此，不仅推进了计算机科学和工程的发展，也推进了计算思维本身的发展。在这个过程中，一些属于计算思维的特点被逐步揭示，计算思维与理论思维和实验思维的差别越来越清晰。计算思维的概念、结构、格式等变得越来越明确，计算思维的内容得到不断的丰富和发展。

计算机的出现丰富了人类改造世界的手段，同时也强化了存在于人类思维中的计算思维的意义和作用。例如，计算机的出现，触发了计算机程序的兴起和发展。计算机程序就是对所要解决的问题，用一种计算机可以理解的方式进行描述。为了使计算机可以正确地执行，需要对计算过程进行非常清楚和准确的描述，同时还必须考虑各种可能的意外情况，以及如何正确地响应和处理。这种人机交流的方式逐步地发展和完善，正是人类自身运用计算思维进行思考、交流和沟通的特征，这些特征在计算机发展的过程中越来越强化和凸显出来。作为一种表达思维的方式，计算机程序采用了各种技术和手段，并且为此发展出一整套形式语言理论、编译理论、检验理论以及优化理论，这些理论和技术都是计算思维中的核心概念。

从思维的角度，计算机科学主要研究计算思维的概念、方法和内容，并发展成为解决问题的一种思维模式，这极大地推动了计算思维的发展。

1.2.3 计算思维能力的培养

如前文所述，科学思维包括理论思维、实验思维和计算思维。为了训练理论思维和实验思维能力，我们会专注于学习数学课程和物理课程，现在，也要认真学习计算机课程。计算机课程不是培养计算思维能力的唯一课程，但却是最合适的课程。

实际上，计算思维在大学生的知识体系结构中非常重要。计算机科学不只是将软硬件等人造物融入人们的生活，更重要的是计算的概念，它被用来求解问题、管理日常生活以及与他人进行交流和互动。计算思维训练不仅能够使我们理解计算机的实现机制和约束机制，还有助于进行科技发明和技术创新。大学生能够通过训练自己的计算思维能力，对获取的各种信息进行深层次的加工和处理，从而产生新的有益信息，提高自己的信息素养。

为了培养计算思维能力，应该做到如下几个方面。

1）在学习知识的过程中认真地思考，理解知识之间的内在联系，抽象出整体的知识结构，在知识的贯通过程中形成自己独立的思维，从而逐渐提高计算思维能力。

2）从问题分析入手，训练如何对问题进行抽象，将实际问题转换为一个数学问题或者形式化问题，提高问题表述的严谨性和问题求解的科学性。

3）通过建立模型或者图示化的方法展现复杂的思维，使问题的求解过程一目了然；通过对复杂问题进行约简和抽象，以规模较小的问题求解过程做示例，理解复杂问题的求解方法；通过从社会/自然等人们身边的问题，理解并学习计算机科学家是如何进行问题求解的。

4）要追求问题及问题的讨论。通过逐步地提出问题，使自己从一个较浅的理解层次逐步过渡到较深的理解层次，通过不同视角和递进的讨论，使自己的计算思维能力达到更深的思考层次。

5）宽度和深度相结合，从宽度学习开始，到深度学习结束。在理解相关的思维和知识的同时，要建立起科学的研究习惯与研究方法。只有这样，才能更深入地挖掘问题的本质，求得解决问题的科学方法。

随着现代科学的形成与发展，人们对计算思维的作用和意义的认识越来越清晰，使用计算思维抽象和解决问题也成为越来越普遍的事实。计算思维是当代每个人都应该具备的基本技能。计算思维成为思维能力中的重要组成部分，是我们适应现代社会的必然选择。

本章小结

本章从生活中的计算开始，介绍计算的概念特点和计算工具的发展，讲解思维的内涵和科学思维的分类，重点阐述对计算思维的理解，包括计算思维的定义、本质、特征以及计算思维与计算机的关系，最后分析计算思维能力培养的必要性以及如何培养和提升计算思维能力。

习　题

1. 什么是计算？计算包含哪些形式？
2. 简述计算工具的发展历程。
3. 什么是思维？科学思维是如何分类的？
4. 计算思维和数学思维的区别是什么？
5. 如何理解计算思维？它的本质和特征是什么？
6. 如何理解计算思维与计算机的关系？
7. 作为新时代的大学生，应该如何培养和提高计算思维能力？

第 2 章　计算机基础

从 1946 年世界上第一台电子数字积分计算机 ENIAC 诞生至今已有 70 余年，在这期间，计算机以惊人的速度发展着，计算机的运算速度和存储容量也在迅速增加，计算机能做到的事情越来越多，从科学计算到数据处理，再到网络应用和人工智能……计算机已渗透到社会的各行各业，正在改变着传统的工作、学习和生活方式，推动着社会的发展。

为了更好地使用计算机协助人们的工作和学习，首先需要对计算机有一个基础的了解。

2.1　计算机硬件组成

硬件是指可以看得到、摸得到的具体实物。计算机硬件由运算器、控制器、存储器、输入设备和输出设备 5 个逻辑部件组成。

1. 运算器

运算器（arithmetic unit）是计算机中处理数据的核心部件。运算器的基本操作包括加、减、乘、除四则算术运算，与、或、非、异或等逻辑运算，以及移位、比较和传送等操作。计算机运行时，运算器的操作和操作种类由控制器决定。运算器处理的数据来自存储器，处理后的结果数据通常被送回存储器，或暂时寄存在运算器中。

运算器的处理对象是数据，所以数据长度和计算机数据表示方法，对运算器的性能影响极大。把运算器一次能够同时处理的二进制数据位数称为字长。二进制的每一个 0 或 1 是组成二进制数的最小单元，称为位（bit）。为适应不同的要求以及协调运算精度和硬件造价之间的关系，大多数计算机支持变字长运算，即机内可实现半字长、全字长（或单字长）和双倍字长运算。在其他指标相同时，字长越长，计算机处理数据的速度就越快。

按照数据的不同表示方法，运算器可以分为二进制运算器、十进制运算器、十六进制运算器、定点整数运算器、定点小数运算器、浮点数运算器等。按照数据的性质，可分为地址运算器和字符运算器等。

2. 控制器

控制器（controller）是指按照预定顺序改变主电路或控制电路的接线、改变电路中电阻值来控制电动机的启动、调速、制动和反向的指令装置。它由程序计数器、指令寄存器、指令译码器、时序产生器和操作控制器组成，是发布命令的“决策机构”，即完成协调和指挥整个计算机系统的操作。在系统运行过程中，不断地生成指令地址、取出指令、分析指令，向计算机的各个部件发出微操作控制信号，指挥各个部件高速协调地工作。

运算器和控制器合称为中央处理器（central processing unit，CPU）。早期的微机字长一般是 8 bit 和 16 bit，Intel 80386 以及更高的处理器大多是 32 bit。目前市面上的计算机处理器大部分已达到 64 bit。

3. 存储器

存储器（memory）是用来存储数据和程序的部件，可分为主存储器和辅助存储器。主存储器又称为内存储器，用来存放正在运行的程序和数据，可直接与运算器及控制器交换信息。主存储器又可分为随机存储器（random asccess memory，RAM）和只读存储器（read-only memory，ROM）两种。辅助存储器又称为外存储器，用来存放大信息量的程序和数据，可以长期保存。外存主要有软硬磁盘、光盘以及 U 盘等。

存储器的主要功能是存储程序和各种数据，并能在计算机运行过程中高速、自动地完成程序或数据的存取。存储器是具有“记忆”功能的设备，它采用具有两种稳定状态的物理器件来存储信息。这些器件也被称为记忆元件。在计算机中采用只有两个数码（“0”和“1”）的二进制数来表示数据。记忆元件的两种稳定状态分别表示为“0”和“1”。日常使用的十进制数必须转换成等值的二进制数才能存入存储器。计算机中处理的各种字符，如英文字母、运算符号等，也要转换成二进制代码才能存储和操作。

字节（byte）是计算机信息技术用于计量存储容量的一种计量单位，二进制的 1 个字节等于 8 个位，它在一些计算机编程语言中也表示数据类型和语言字符。

下面列举一下常用字符与字节的换算。

1）ASCII 码：一个英文字母（不分大小写）占一个字节的空间。

2）UTF-8 编码：一个英文字符占一个字节，一个中文汉字（含繁体）占三个字节；一个中文标点占三个字节，一个英文标点占一个字节。

3）Unicode 编码：一个英文字母占两个字节，一个中文汉字（含繁体）占两个字节；一个中文标点占两个字节，一个英文标点占两个字节。

再来看一下不同数量级字符的量单位表示法。

1 B（byte，字节）= 8 bit。

1 KB（kilobyte，千字节）=1024 B= 2^{10} B，相当于一则短篇故事的文字内容。

1 MB（megabyte，兆字节，百万字节，简称兆）=1024 KB= 2^{20} B，相当于一则短篇小说的文字内容。

1 GB（gigabyte，吉字节，十亿字节，又称千兆）=1024 MB= 2^{30} B，相当于贝多芬第五章交响曲的乐谱内容。

1 TB（terabyte，万亿字节，太字节）=1024 GB= 2^{40} B，相当于一家大型医院中所有 X 光图片的资讯量。

4. 输入设备

输入设备是计算机与用户或其他设备进行通信的桥梁，是用户与计算机系统之间进行信息交换的主要装置之一。键盘、鼠标、摄像头、扫描仪、光笔、手写输入板、游戏杆、语音输入装置等都属于输入设备。计算机输入的信息有数字、模拟量、文字符号、语音和图形图像等形式。对于这些信息形式，计算机往往无法直接处理，必须把它们转换成相应的数字编码后才能处理。输入设备把原始数据和处理这些数据的程序输入计算机，把待输入信息转换成能够被计算机处理的数据形式。输入信息的传输率变化也很大，它们与计算机的工作速率不相匹配，而输入设备的一个作用是使这两方面协调起来，提高计算机的工作效率。输入设备的种类很多，除文字及数字输入设备外，模拟信号的输入设备有数-模、模-数转换设备；图形、图像的输入设备有模式信息输入输出设备；脱机输入信息用的数据准备装置有数据准备设备；等等。

5. 输出设备

输出设备是计算机硬件系统的终端设备，用于接收计算机数据的输出显示、打印、声音、控制外围设备操作等，它们把各种计算结果数据或信息以数字、字符、图像、声音等形式表现出来。常见的输出设备有显示器、打印机、绘图仪、影像输出系统、语音输出系统、磁记录设备等。

2.2 冯·诺依曼体系结构

20 世纪中叶，由于在曼哈顿工程中需要大量的运算，美籍匈牙利科学家冯·诺依曼使用了当时最先进的两台计算机 Mark-Ⅰ和 ENIAC，在使用 Mark-Ⅰ和 ENIAC 的过程中，他意识到存储程序的重要性，从而提出了程序存储的思想，并成功将其运用到计算机的设计之中。根据这一思想制造的计算机称为冯·诺依曼结构计算机，由于他对现代计算机技术做出了突出贡献，因此冯·诺依曼又称为“计算机之父”。

冯·诺依曼体系结构的特点如下。

1）采用二进制形式表示数据和指令。

2）将程序（数据和指令序列）预先存放在主存储器中，使计算机在工作时能够自动高速地从存储器中取出指令，并加以执行。

3）由运算器、存储器、控制器、输入设备和输出设备五大基本部件组成计算机系统，并规定了这五大部件的基本功能，如图 2-1 所示。

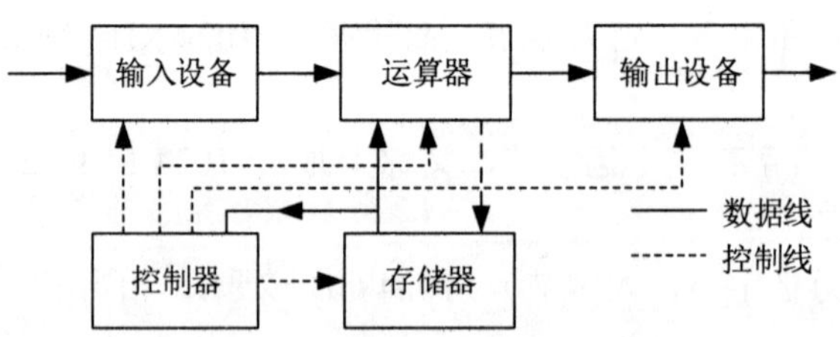

图 2-1 冯·诺依曼体系结构

根据上述特点，冯·诺依曼结构计算机具有如下功能。

1）把需要的程序和数据送至计算机中。

2）具有长期记忆程序、数据、中间结果及最终运算结果的能力。

3）能够完成各种算术、逻辑运算和数据传送等数据加工处理的能力。

4）能够根据需要控制程序走向，并能够根据指令控制机器的各部件协调操作。

5）能够按照要求将处理结果输出给用户。

冯·诺依曼体系结构第一次将存储器和运算器分开，规定指令和数据均放置于存储器中，为计算机的通用性奠定了基础。虽然在规范中计算单元依然是核心，但冯·诺依曼体系结构事实上导致了以存储器为核心的现代计算机的诞生（这里的存储器指的是内存，即RAM）。该架构的另一项重要贡献是用二进制取代十进制，大幅度降低了运算电路的复杂度。这为晶体管时代超大规模集成电路的诞生提供了重要的基础，实现了今天手腕上的Apple Watch（苹果公司的一款智能手表）运算性能远超早期大型计算机的壮举，这也是摩尔定律得以实现的基础。

2.3 计算机信息表示

什么是信息？信息是客观事物属性的反映，是经过加工处理并对人类客观行为产生影响的数据表现形式。

什么是数据？数据是反映客观事物属性的记录，是信息的具体表现形式。任何事物的属性都是通过数据表示的，数据经过加工处理后成为信息，而信息必须通过数据才能传播，才能对人类产生影响。

例如，2、4、6、8、10、12 是一组数据，其本身是没有意义的，但对它进行分析后，就可得到一组等差数列，从而清晰地得到后面的数。这便对这组数据赋予了意义，称为信息，是有用的数据。

计算机内所有的信息均以二进制的形式表示，也就是由数值 0 和数值 1 组成的序列。目的是便于表示、存储和传输。例如，这种二进制序列可以表示穿孔卡片上有洞或无洞、电子器件的高电平和低电平，也可以表示顺时针或逆时针的磁场。

我们知道，1 个字节（byte）由 8 个位（bit）组成。在二进制表示法中，它的值域为 00000000～11111111；这种表示法也称为位模式（计算机中所有二进制的 0、1 代码所组成的数串）。此外，常用表示法还有十进制表示法、十六进制表示法和八进制表示法。十进制表示法将数值 0～9 当作基数。十六进制表示法将数值 0～9，以及字符 A～F 当作基数，一般使用 0x 或者 0X 作为前缀，规则如下：借一当十六，逢十六进一。八进制表示法将数值 0～7 当作基数，一般使用 0 作为前缀。规则如下：借一当八，逢八进一。十进制数 175，用十六进制表示为 0xAF，用八进制表示为 0257。

计算机进行数据处理时，一次存取、加工和传送的数据长度称为字（word）。一个字通常由一个或多个（一般是字节的整数位）字节构成，字的位数叫作字长（word size）。每台计算机都有一个字长，用来指明整数和指针数据的标称大小（nominal size）。由于虚拟地址空间中的地址就是使用一个字来编码的，因此，字长决定了系统的虚拟地址空间的大小。

通俗来讲，字长是 CPU 的主要技术指标之一，是指 CPU 一次能够并行处理的二进制位数，字长总是 8 的整数倍，通常个人计算机的字长为 16 bit（早期）、32 bit、64 bit。

2.4 进制转换

1. 二进制、八进制、十六进制转换为十进制

二进制、八进制和十六进制向十进制转换都非常容易，就是“按权相加”。所谓“权”，也即“位权”。

假设当前数是 N 进制，则有：

1）对于整数部分，从右往左看，第 i 位的位权等于 N^{i-1}。

2）对于小数部分，恰好相反，要从左往右看，第 j 位的位权为 N^{-j}。

更加通俗地理解是，假设一个多位数（由多个数组成的数）某位上的数是 1，那么它所表示的数值大小就是该位的位权。

例如，将八进制数 53627 转换成十进制数，表示如下：

$$53627=5\times8^4+3\times8^3+6\times8^2+2\times8^1+7\times8^0=22423\text{（十进制）}$$

从右往左看，第 1 位的位权为 $8^0=1$，第 2 位的位权为 $8^1=8$，第 3 位的位权为 $8^2=64$，第 4 位的位权为 $8^3=512$，第 5 位的位权为 $8^4=4096$…第 n 位的位权就为 8^{n-1}。将各个位的数乘以位权，然后再相加，就得到了该数的十进制形式。

再如，将十六进制数 9FA8C 转换成十进制数，表示如下：

$$9FA8C=9\times16^4+15\times16^3+10\times16^2+8\times16^1+12\times16^0=653964\text{（十进制）}$$

从右往左看，第 1 位的位权为 $16^0=1$，第 2 位的位权为 $16^1=16$，第 3 位的位权为 $16^2=256$，第 4 位的位权为 $16^3=4096$，第 5 位的位权为 $16^4=65536$…第 n 位的位权就为 16^{n-1}。将各个位的数乘以位权，然后再相加，就得到了该数的十进制形式。

将二进制数转换成十进制数也是类似的道理。例如：

$$11010=1\times2^4+1\times2^3+0\times2^2+1\times2^1+0\times2^0=26\text{（十进制）}$$

从右往左看，第 1 位的位权为 $2^0=1$，第 2 位的位权为 $2^1=2$，第 3 位的位权为 $2^2=4$，第 4 位的位权为 $2^3=8$，第 5 位的位权为 $2^4=16$…第 n 位的位权就为 2^{n-1}。将各个位的数乘以位权，然后再相加，就得到了该数的十进制形式。

下面再来看看有小数位的各进制是如何转换为十进制数的。

例如，将八进制数 423.5176 转换成十进制数，表示如下：

$$423.5176=4\times8^2+2\times8^1+3\times8^0+5\times8^{-1}+1\times8^{-2}+7\times8^{-3}+6\times8^{-4}=275.65576171875\text{（十进制）}$$

小数部分和整数部分相反，要从左往右看，第 1 位的位权为 $8^{-1}=1/8$，第 2 位的位权为 $8^{-2}=1/64$，第 3 位的位权为 $8^{-3}=1/512$，第 4 位的位权为 $8^{-4}=1/4096$…第 m 位的位权就为 8^{-m}。

再如，将二进制数 1010.1101 转换成十进制数，表示如下：

$$1010.1101=1\times2^3+0\times2^2+1\times2^1+0\times2^0+1\times2^{-1}+1\times2^{-2}+0\times2^{-3}+1\times2^{-4}=10.8125\text{（十进制）}$$

小数部分和整数部分相反，要从左往右看，第 1 位的位权为 $2^{-1}=1/2$，第 2 位的位权为 $2^{-2}=1/4$，第 3 位的位权为 $2^{-3}=1/8$，第 4 位的位权为 $2^{-4}=1/16$…第 m 位的位权就

为 2^{-m}。

2. 十进制转换为其他进制

将十进制转换为其他进制比较复杂，整数部分和小数部分的算法不一样，下面分别讲解。

（1）整数部分

十进制整数转换为 N 进制数整数采用“除 N 取余，逆序排列”法。具体做法如下：把先得到的余数作为 N 进制数的低位数，后得到的余数作为 N 进制数的高位数，依次排列起来，就得到了 N 进制数。图 2-2 展示了转换的整个过程。

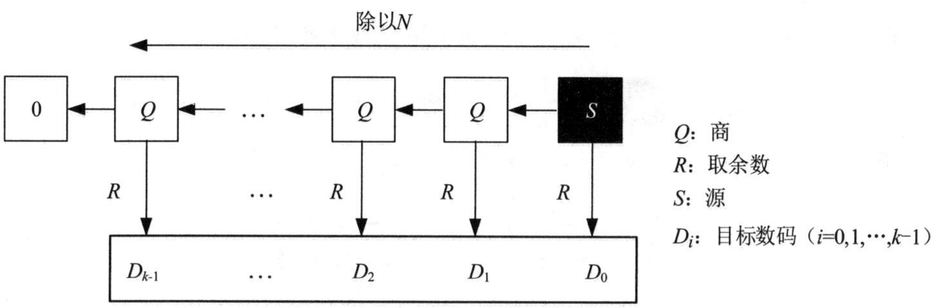

图 2-2　将十进制数的整数部分转换成其他进制数过程图

图 2-3 演示了十进制数 42 转换成二进制数的过程。

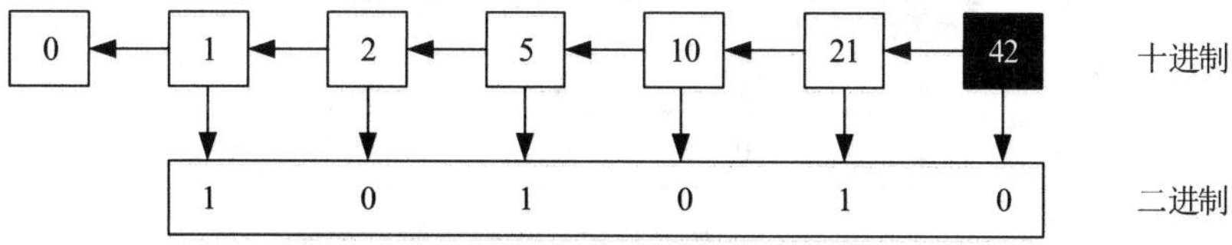

图 2-3　十进制整数转换成二进制数过程图

从图中得知，十进制数 42 转换成二进制数的结果为 101010。

图 2-4 演示了将十进制数 36926 转换成八进制数的过程。

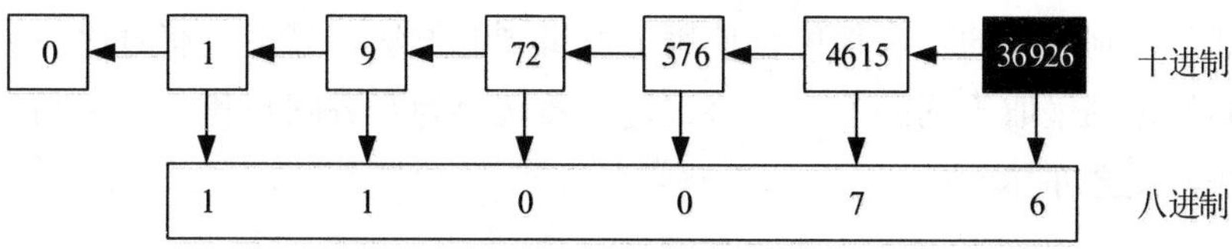

图 2-4　十进制整数转换成八进制数过程图

从图中得知，十进制数 36926 转换成八进制数的结果为 110076。

（2）小数部分

十进制小数转换成 N 进制小数采用“乘 N 取整，顺序排列”法。具体做法如下：把乘积的整数部分取出按照顺序排列，先取出的整数作为 N 进制小数的高位数，后取出的整数作为低位数，这样就得到了 N 进制小数。图 2-5 展示了转换的整个过程。

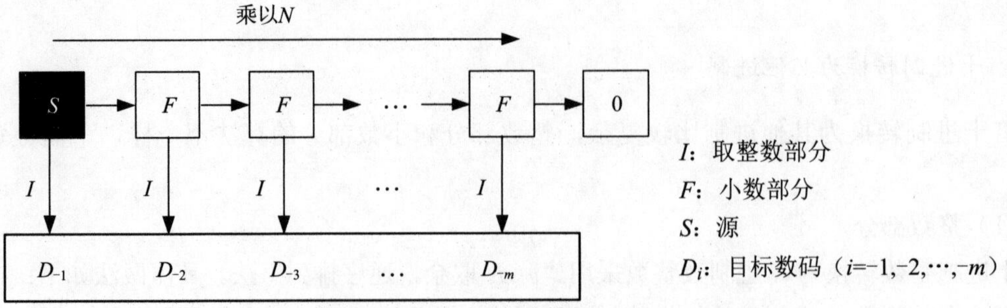

图 2-5　将十进制数的小数部分转换成其他进制数过程图

注：小数永不为 0 时，要创建足够的位数后停止。

图 2-6 演示了将十进制小数 0.6875 转换成二进制数小数的过程。

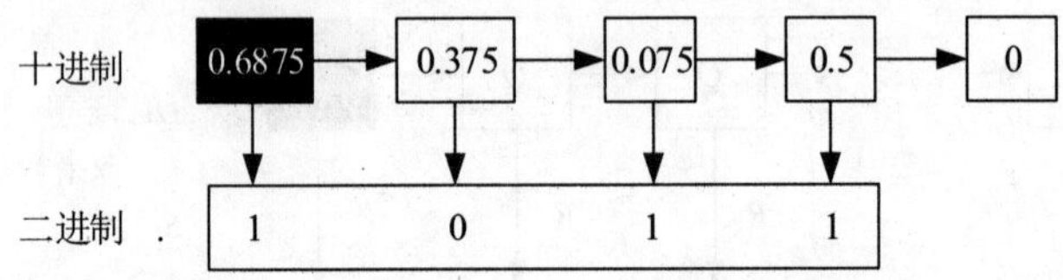

图 2-6　十进制小数转换成二进制小数过程图

从图中得知，十进制小数 0.6875 转换成二进制小数的结果为 0.1011。

图 2-7 演示了将十进制小数 0.634 转换成八进制小数且精确到 4 位小数的过程。

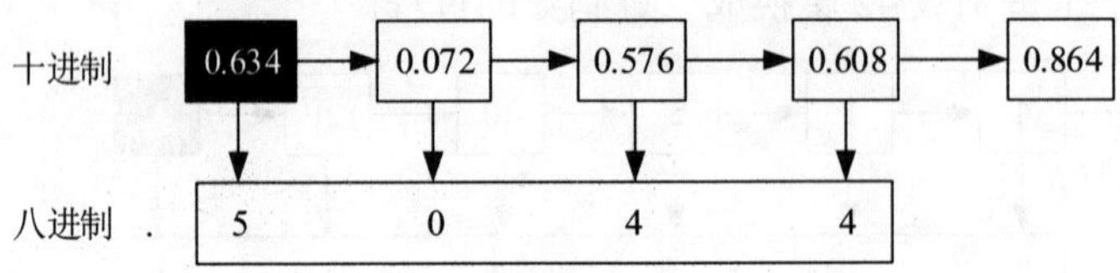

图 2-7　十进制小数转换成八进制小数过程图

从图中得知，十进制小数 0.634 转换成八进制数且精确到 4 位小数的结果为 0.5044。

如果一个数既包含了整数部分又包含了小数部分，那么将整数部分和小数部分分开，分别按照上面的方法完成转换，然后再合并在一起即可。

其实，任何进制之间的转换都可以使用上面讲到的方法，只不过有时比较麻烦，所以一般针对不同的进制采取不同的方法。将二进制数转换为八进制数和十六进制数时就有非常简洁的方法，反之亦然。

3. 二进制整数和八进制整数之间的转换

二进制整数转换为八进制整数时，每 3 位二进制数转换为一位八进制数，运算的顺序是从低位向高位依次进行，高位不足 3 位用零补齐。图 2-8 演示了如何将二进制整数 1110111100 转换为八进制数。

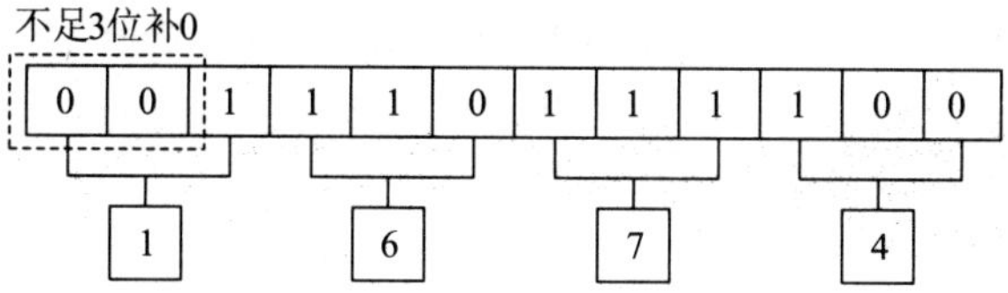

图 2-8 二进制整数转换为八进制数过程图

从图中可以看出，二进制整数 1110111100 转换为八进制数的结果为 1674。

八进制整数转换为二进制整数时，思路是相反的，每一位八进制数转换为 3 位二进制数，运算的顺序也是从低位向高位依次进行。图 2-9 演示了如何将八进制整数 2743 转换为二进制数。

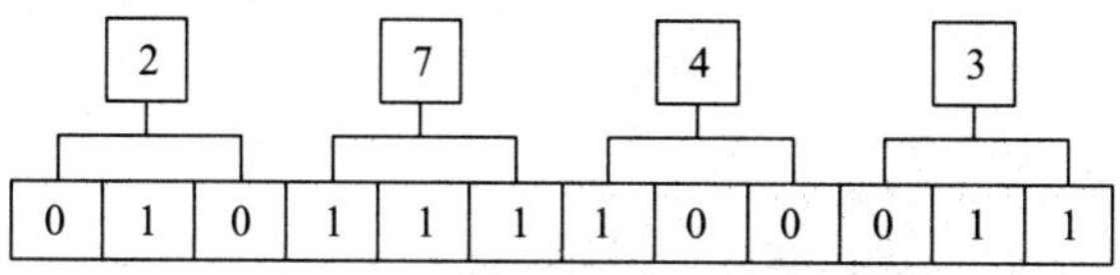

图 2-9 八进制整数转换为二进制数过程图

从图中可以看出，八进制整数 2743 转换为二进制数的结果为 10111100011。

4. 二进制整数和十六进制整数之间的转换

二进制整数转换为十六进制整数时，每 4 位二进制数转换为一位十六进制数，运算的顺序是从低位向高位依次进行，高位不足 4 位用零补齐。图 2-10 演示了如何将二进制整数 10110101011100 转换为十六进制数。

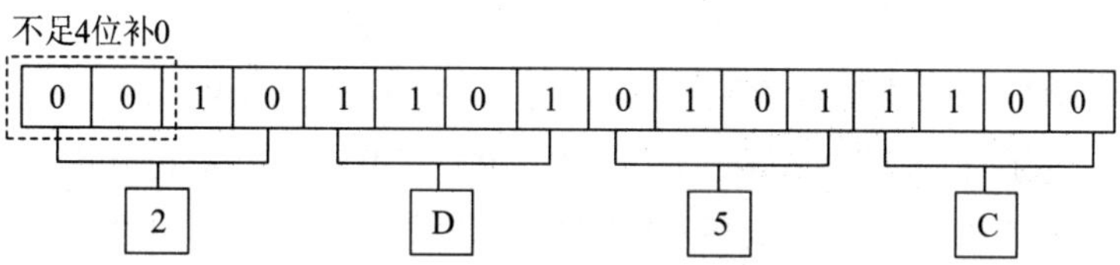

图 2-10 二进制整数转换为十六进制数过程图

从图中可以看出，二进制整数 10110101011100 转换为十六进制数的结果为 2D5C。

十六进制整数转换为二进制整数时，思路是相反的，每一位十六进制数转换为 4 位二进制数，运算的顺序也是从低位向高位依次进行。图 2-11 演示了如何将十六进制整数 A5D6 转换为二进制数。

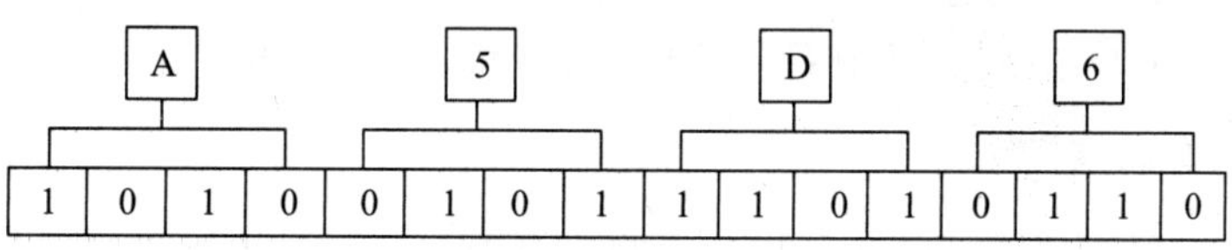

图 2-11 十六进制整数转换为二进制数过程图

从图中可以看出，十六进制整数 A5D6 转换为二进制数的结果为 1010010111010110。

由于在 C 语言编程中，二进制数、八进制数、十六进制数之间几乎不会涉及小数的转换，所以这里我们只讲整数的转换。另外，八进制数和十六进制数之间也极少直接转换，多借用二进制进行操作，即先将八（十六）进制数转化为二进制数，再将结果转化为对应的十六（八）进制数，只是有时比较麻烦而已。二进制和八进制、十六进制之间的转换还有非常简便的方法，所以没有采用前面的方法。

本节前面两部分讲到的转换方法是通用的，任何进制之间的转换都可以采用。

2.5 信息编码

编码就是利用计算机中的 0 和 1 两个代码的不同长度表示不同信息的一种约定方式。由于计算机是以二进制代码的形式存储和处理数据的，因此只能识别二进制编码信息，数字、字母、符号、汉字、语音和图形等非数值信息都要用特定规则进行二进制编码才能进入计算机。由于西文与中文字符的形式不同，使用的编码也不同。

1. 西文字符的编码

计算机不仅能够处理数值数据，还能处理符号、字母、数字（作为字符出现）等非数值数据。非数值数据同数字一样，是按照一定的规则，用一组二进制编码来表示的。字符的编码方式有多种，现在国际上广泛采用美国信息交换标准代码（American Standard Code for Information Interchange，ASCII）。

2. 汉字的编码

1980 年，中国国家标准总局发布了第一个汉字编码字符集标准，即《信息交换用汉字编码字符集　基本集》(GB 2312—1980)。该标准规定了进行一般汉字信息处理时所用的 7445 个字符编码，其中包括 682 个非汉字图形符（如序号、数字、罗马数字、英文字母、日文假名、俄文字母、汉语注音等）和 6763 个汉字的代码。1995 年，全国信息技术标准化技术委员会制定了《汉字扩展规范》(GBK 1.0)。GBK 字符集是国家标准扩展字符集，是 GB 2312—1980 的扩展方案，兼容 GB 2312—1980。GB 2312—1980 只支持简体中文，而 GBK 支持简体中文和繁体中文。2000 年 3 月，信息产业部和质量技术监督局在北京联合发布了《信息技术　信息交换用汉字编码字符集　基本集的扩充》(GB 18030—2000)。该标准收录了 27 000 多个汉字，还收录了藏族、蒙古族、维吾尔族等主要少数民族的文字。GB 18030—2000 是取代 GBK 1.0 的正式国家标准，在技术上是 GBK 的超集，并与其兼容。

为了交流方便，汉字文化圈的中国、日本、朝鲜、韩国希望能够有统一的标准处理汉字，于是在国际社会的共同努力下，于 1993 年正式制定了收录字符 20 902 个的中日韩统一表意文字，简称 CJK 编码。其中 C 代表中文、J 代表日文、K 代表韩文。

3. 多媒体信息的编码

媒体是信息表示和传输的载体。媒体信息在计算机中都是以二进制表示的，因此需要对各种媒体信息进行不同的编码。

（1）音频信息的数字化

声音是通过物体振动产生的声波。声波在时间和幅度上都是连续变化的，可用模拟波形表示。通常，把在时间和幅度上连续变化的信号称为模拟信号。

计算机无法处理模拟信号，因为计算机是用有限字长的单元来存储、处理信息的。若要用计算机对音频信息进行处理，就要将模拟信号转换为数字信号。数字信号就是时间和幅度都用离散的数字表示的信号。模拟音频的数字化过程包括采样、量化、编码，如图 2-12 所示。

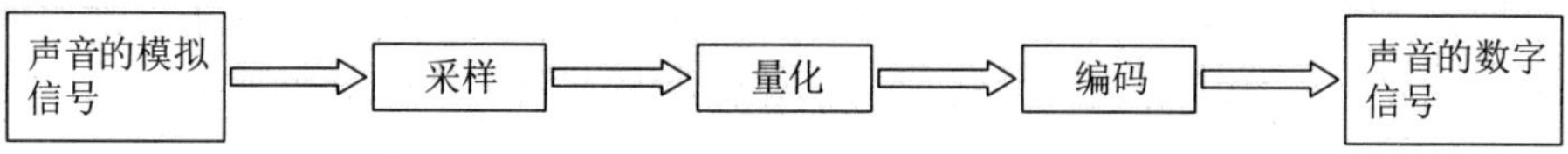

图 2-12　模拟音频的数字化过程

1）采样就是采集模拟的音频信号。声音是连续的模拟信号，是时间的函数。而进行一次数据采集需要一定的时间，因此不能连续进行。但是，采样的次数越多，越接近真实的声音信号。通常把这一特征用采样频率来表征，即每秒钟采样的次数。声音采样原理如图 2-13 所示。

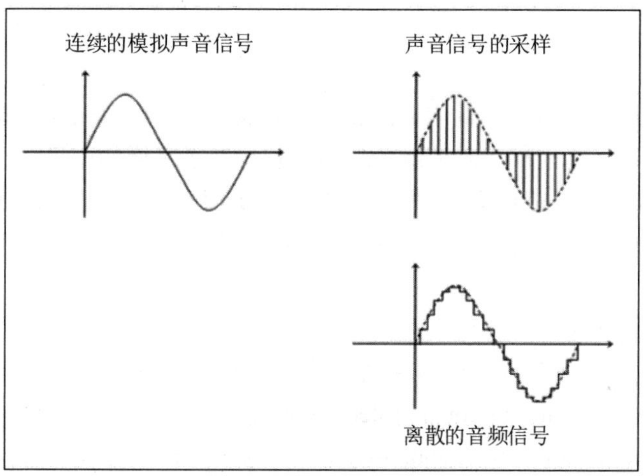

图 2-13　声音采样原理

2）量化的主要工作就是将幅度上连续取值的每一个样本转换为以离散值表示。其量化过后的样本是用二进制表示的，此时可以理解为已经完成了模拟信号到二进制的转换。量化中有个概念叫精度，指的是每个样本占的二进制位数，反过来，二进制的位数反映了度量声音波形幅度的精度。

3）编码是整个声音数字化的最后一步，其实声音模拟信号经过采样、量化之后已经变为数字形式，但是为了方便计算机的存储和处理，需要对它进行编码，以减少数据量。

（2）图像信息的数字化

图形一般是指通过绘图软件绘制的由直线、圆、圆弧、任意曲线等图元组成的画面。它以矢量图形文件形式存储。矢量图形文件存储的是描述生成图形的指令，因此不必对图形中的每一点进行数字化处理。

要在计算机中处理图像，必须先把真实的图像（照片、画报、图书、图纸等）通过数字化转变成计算机能够接受的显示和存储格式，然后再用计算机进行分析处理。图像的数字化过程主要分采样、量化与编码 3 个步骤。

采样的实质就是要用多少点来描述一幅图像，采样结果质量的高低用图像分辨率来衡量。简单来讲，对二维空间上连续的图像在水平和垂直方向上等间距地分割成矩形网状结构，所形成的微小方格称为像素点。一幅图像就是被采样成有限个像素点构成的集合。如图 2-14 所示，左边是要采样的物体，右边是采样后的图像，每个小格即为一个像素点。在进行采样时，采样点间隔大小的选取很重要，它决定了采样后的图像真实反映原图像的程度。一般来说，原图像中的画面越复杂，色彩越丰富，则采样间隔应越小。

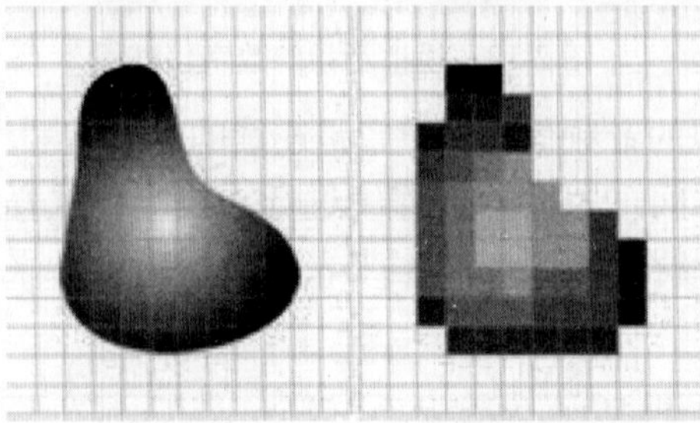

图 2-14 图像采样

采样完成后，就开始量化。量化是指要使用多大范围的数值来表示图像采样之后的每一个点。量化的结果是图像能够容纳的颜色总数，它反映了采样的质量。例如，如果以 4 位存储一个点，就表示图像只能有 16 种颜色；若采用 16 位存储一个点，则有 2^{16}=65536 种颜色。所以，量化位数越大，表示图像可以拥有更多的颜色，自然可以产生更为细致的图像效果。

量化后得到的图像数据量巨大，必须采用编码压缩技术压缩其信息量。在一定意义上讲，编码压缩技术是实现图像传输与存储的关键。为了使图像压缩标准化，20 世纪 90 年代后，国际电信联盟（International Telecommunication Union，ITU）、国际标准化组织（International Organization for Standardization，ISO）和国际电工委员会（International Electrotechnical Commission，IEC）已经制定并继续制定一系列静止和活动图像编码的国际标准，已批准的标准主要有 JPEG 标准、MPEG 标准、H.261 标准等。

（3）视频信息的数字化

首先，视频数字化就是将视频信号经过视频采集卡转换成数字视频文件存储在数字载体——硬盘中。在使用时，将数字视频文件从硬盘中读出，再还原成电视图像加以输出。

数字视频的来源有很多，如来自摄像机、录像机、影碟机等视频源的信号，包括从家用级到专业级、广播级的多种素材。还有计算机软件生成的图形、图像和连续的画面等。高质量的原始素材是获得高质量最终视频产品的基础。

然后，可以对模拟视频信号进行采集、量化和编码的设备，一般由专门的视频采集卡完成。对视频信号的采集，尤其是动态视频信号的采集需要很大的存储空间和数据传输速度，这就需要在采集和播放过程中对图像利用硬件进行压缩和解压缩处理。现在大多使用的是带有压缩芯片的视频采集卡。

最后，由多媒体计算机接收和记录编码后的数字视频数据。在这一过程中起主要作用的是视频采集卡，它不仅提供接口用来连接模拟视频设备和计算机，而且具有把模拟信号转换成数字数据的功能。

本 章 小 结

本章系统讲解计算机硬件组成、冯·诺依曼原理、计算机信息的表示、进制转换和信息编码。通过本章的学习，理解计算机运行的基本机理，为后面的程序设计学习奠定了基础。

习　　题

1. 将二进制数 111101、八进制数 765、十六进制数 5AB79 分别转换为十进制数。
2. 将十进制数 73 转换为二进制数。
3. 将十进制数 345 转换为八进制数。
4. 将十进制数 12.625 转换为二进制数。
5. 将十进制数 89.58 转换为八进制数（精确到 4 位小数）。
6. 将二进制数 111111101 分别转换为八进制数和十六进制数。
7. 将八进制数 672 转换为十六进制数。

第 3 章　简单的 C 语言程序

人们使用计算机解决问题时，一般需要经过分析问题、算法设计、程序设计和运行程序这 4 个步骤。本章从简单的 C 语言程序入手，主要介绍什么是 C 语言、C 语言程序的实现过程和算法以及其表示方法。

3.1　C 语言简介

人们使用的程序设计语言有上百种，它们中的大多数被称为计算机的高级语言。C 语言是近年来非常流行的程序设计语言，是一种面向过程的通用程序设计语言。

3.1.1　计算机语言概述

人与人之间信息的传递和交流需要通过语言，而信息得以有效传递的关键在于该语言可被信息交互的双方识别。因此，若想解决人与计算机之间的沟通问题，就需要创建一种能使计算机和人均可识别的计算机语言。计算机语言经历了以下几个发展阶段。

1. 机器语言

计算机的工作基于二进制，计算机发明之初，人们只能将一串串由“0”和“1”组成的指令序列交由计算机执行，这种计算机能够识别的语言就是机器语言。因为由“0”和“1”组成的不同机器指令过于冗长复杂、难以记忆、可读性较差，给机器语言的使用造成巨大的不便，因此，只有极少数经验丰富的计算机专业人士才会编写，难以推广使用。但机器语言的优点是计算机可以直接执行，占用存储空间小，执行速度快，运算效率高。

2. 汇编语言

为了解决机器语言难以记忆和编写的问题，人们从提高程序代码可读性的角度，考虑用简单的英文字母、符号串替代一个特定指令的二进制串。例如，用 ADD 代表加法，用 MOV 代表数据传递等，这种程序设计语言称为汇编语言（或符号语言）。然而，计算机本身无法识别这些符号，因此需要一种称为汇编程序的软件，专门负责将这些有意义的符号语言指令翻译成二进制机器指令。虽然汇编语言比机器语言简单好记，但是由于其同样十分依赖机器硬件，移植性较差，因此仍然难以普及。机器语言和汇编语言均是面向机器的语言，称为计算机低级语言。

3. 高级语言

从最初与计算机交流的过程中，人们意识到，应该设计一种不依赖机器硬件，语言功能性很强，且在不同型号的计算机之间可移植性好的计算机高级语言。1954 年，第一种计算机高级语言 FORTRAN 的问世，可称为计算机发展史上的一次革命，它使用计算机求解问题不再局限于少数专业人士，只要能给出解决问题的算法就可以编写程序和求解问题。数十年来，高级语言也经历了从非结构化语言到结构化语言，从面向过程到面向对象的发展变化。在此期间，全世界涌现了 2500 种以上具有特定用途的高级语言，其中应用广泛、具有较大影响力的有 FORTRAN、BASIC、C、C++、Pascal、LISP、Prolog、Python、Java 等。

3.1.2　C 语言概述

C 语言是国际上广受欢迎的一种计算机高级语言，它兼具汇编语言和高级语言的优点，能够适用多种计算机操作系统，且效率较高，可广泛应用在计算机系统设计以及应用程序设计两大领域。

1. C 语言的发展

1970 年，美国贝尔实验室的肯・汤普森（Ken Thompson）以 BCPL 语言为基础，设计出了一种很简单且接近硬件的 B 语言（取自 BCPL 首字母）。为了解决 B 语言过于简单、无数据类型、功能有限的问题，丹尼斯・里奇（Dennis Ritchie）于 1972 年在 B 语言的基础上设计了 C 语言（取自 BCPL 第二个字母）。C 语言在延续 B 语言精练、接近硬件等优点的同时，还包括具有如字符、数组、结构体和指针等多种数据类型，减少其对硬件的依赖性，增加语言的可移植性等新特点。

最初的 C 语言只服务于 UNIX 操作系统，但随着 UNIX 的广泛使用，也衍生出不同版本的 C 语言。为了实现统一的标准管理，美国国家标准协会（American National Standards Institute，ANSI）为 C 语言制定了新的标准 ANSI C（或 C 89）。1990 年，国际标准化组织接受 ANSI C 作为国际标准。目前大部分的 C 语言编译系统都是以 ANSI C 为基础开发的，但不同版本的 C 编译系统实现的语言功能和语法规则稍有差别。

2. C 语言的特点

1）简洁、灵活。C 语言可用于编写各种应用程序，且在其特性使用上的限制非常少，语法限制不太严格，程序设计自由度大，能够极大地简化编程人员的操作，提高工作效率。

2）功能强大。多样的数据类型为 C 语言提供了强大的数据处理能力，种类丰富的运算符也使 C 语言具有强大的表达能力。

3）程序语言模块化。C 语言程序由许多函数组成，各个函数之间相互独立。这样一来，不仅可以通过组建模块单位的形式完成整体程序，还方便模块之间相互调用和传递数据。

4）可直接对物理地址进行操作。C 语言既有高级语言的特点，也有汇编语言的特点，所以，C 语言中的指针可以直接访问内存物理地址，也可以直接对硬件进行操作。

5）可移植。C 语言是面向过程的编程语言，当程序必须在多种机型上运行时，C 语言只需经过少量修改，甚至无须修改就可直接运行，用户只需要关注被解决问题的本身，而不需要花费太多的精力去了解硬件条件。

3.2 C语言程序开发过程

3.2.1 简单的C语言程序举例

【例 3.1】要求在屏幕上打印输出“I love China!”。

编写程序如下：

```
#01    #include<stdio.h>                  //这是编译预处理指令
#02    int main()                         //定义主函数
#03    {                                  //函数开始的标志
#04        printf("I love China!\n");     //输出指定的信息至显示器
#05        return 0;                      //返回int值0
#06    }                                  //函数结束的标志
```

程序运行结果如下：

```
I love China!
Press any key to continue_
```

以上运行结果是在 Visual C++ 6.0 环境下运行程序时显示器上得到的信息。其中第 1 行是程序运行后输出的结果；第 2 行是 Visual C++ 6.0 系统在输出运行结果后自动输入的一行信息，当用户按任意键后，显示器上将不再显示运行结果，而返回程序窗口。为节省篇幅，本书后续在显示运行结果时，将不再包括该行。

说明：本程序是只包含一个主函数 main( )的简单程序。

在使用库函数中的输入输出函数时，编译系统要求程序提供函数相关信息，程序第 1 行就是用于提供这些信息的。stdio.h 是系统提供的一个文件名，stdio 是 standard input & output 的缩写，h 是头文件（header file）的缩写，因为这些文件都位于程序各文件模块的开头。由于 stdio.h 文件包含输入输出函数的相关信息，因此在调用 printf( )（C 编译系统提供的函数库中的输出函数）或 scanf( )（输入函数）时，需要用编译预处理指令#include 将这些信息调入使用。有关 printf( )和 scanf( )函数的信息详见第 5 章。

在例 3.1 中，各行程序的右侧出现的“//”表示单行注释。这种注释可以单独占一行，也可以出现在一行中其他内容的右侧，注释范围从“//”开始，以换行符结束。此外，还可用以“/*”开始，以“*/”结束的块式注释，这种注释可以包含多行内容。在程序编译时注释部分不产生目标代码，注释对运行不起作用。注释不是让计算机执行的，只为方便理解程序各部分的作用。在写 C 程序时应当多用注释。

程序第 2 行中，main 是函数的名字，表示主函数，main( )前面的 int 表示此函数的类型是 int 型（整型），即表示在执行主函数后会得到一个类型为整型的值（函数值）。每一个 C 语言程序都必须含有一个 main( )函数，函数体用{}括起来（程序第 3 行和第 6 行）。程序第 4 行是一个输出语句，printf( )函数中双引号内的字符串按原样输出。其中“\n”是换行符，即表示在输出“I love China!”后，显示器上的光标位置移到下一行的开头。程序第 5 行“return 0;”表示当 main( )函数执行结束前将整型数据 0 作为函数值返回到调用函数处。

【例 3.2】求两个整数中的较大值。

编写程序如下：

```
#include<stdio.h>
int max(int x, int y);                   //声明函数max()
int main()                               //定义主函数
{
    int a, b, c;                         //定义变量a,b,c
    printf("请输入两个不同的整数：\n");//给用户的操作提示
    scanf("%d,%d", &a, &b);              //输入变量a和b的值
    c = max(a, b);                       //调用max()函数，将得到的值赋给c
    printf("max=%d\n", c);               //输出c的值
    return 0;
}
//自定义函数：求两个整数中的较大值的max()函数
//定义max()函数，函数值为整型，形式参数x和y为整型
int max(int x, int y)
{
    int z;                               //定义int变量
    if (x > y)                           //若x>y成立
        z = x;                           //将x的值赋给变量z
    else                                 //否则(即x>y不成立)
        z = y;                           //将y的值赋给变量z
    //将z的值作为max()函数值，返回到调用max()函数的位置
    return z;
}
```

程序运行结果如下：

```
请输入两个不同的整数：
7 4
max=7
```

说明：本程序包含一个主函数和一个自定义的函数 max( )。

max( )函数的作用是将 x 和 y 中较大值赋给变量 z。语句“return　z;”是将整型变量 z 的值作为 max( )的函数值，返回给调用 max( )函数的主函数，通过函数名 max 赋给变量 c。由于程序总是从 main( )函数开始执行，在对程序进行自上而下的编译过程中，为了使编译系统能识别 max 函数，需要在调用函数之前用语句“int max(int x, int y);”对 max 函数进行声明。有关函数的声明及调用详见第 9 章。语句“scanf("%d,%d",&a,&b);”的作用是输入变量 a 和 b 的值，其用法在第 5 章有详细说明。

本例用到了函数调用等概念，只做了简单解释，读者可先不予深究，在学习后面有关章

节时问题自然迎刃而解。在本章介绍此例子，主要是让读者对C程序的组成和形式有个初步的了解。

3.2.2 C语言程序的结构

简单的C程序一般具有如下格式：

```
预处理指令
int main()
{
    //语句块
    return 0;
}
```

在一个C语言程序中，除了有主函数外，还可以有其他函数（如例3.2）。当需要解决的问题比较复杂时，可以将其分解为若干个功能模块，每个模块以函数形式表示。主函数通过调用这些函数来解决问题。一般来说，一个C语言程序可以由以下3个部分组成。

（1）预处理指令

如#include<stdio.h>（还有一些其他预处理指令，如#define等），程序被“翻译”之前，首先由一个“预编译器”（也称“预处理器”或“预处理程序”）对预处理指令进行预处理。预处理命令默认只占一行，都以“#”为首，行末尾不带分号或其他特殊标记，以区别于程序语句。指令#include<stdio.h>说明在编译前把<stdio.h>中的信息“包含”到程序中。<stdio.h>包含了关于C标准输入输出库的信息。C语言拥有大量类似于<stdio.h>的头文件，每个头文件都包含一些标准库的内容。

（2）函数

C语言中的函数是用于构建程序的功能模块，实际上，C程序就是函数的集合。函数可分为两大类，即系统提供的库函数（如printf( )和scanf( )），以及用户根据需要自己设计的函数（例3.2中的max( )）。在程序运行过程中，自定义函数不是必要的，它是用户为达成某一目标而自己定义的函数。计算数值的函数用return语句指定返回的值。一个程序可以包含多个函数，但main( )函数有且只有一个（如例3.1和例3.2），而且程序总是从main( )函数开始执行。

一个函数包括两个部分，函数首部和函数体。函数首部就是函数的第1行（如例3.1的第2行“int main( )”，例3.2的第5行“int main( )”、第16行“int max(int x, int y))”，包括函数名、函数类型、函数属性、函数参数名和参数类型。一个函数名后面必须跟一对圆括号，括号内写函数的参数名及其类型，如果函数没有参数名，可以在括号中写void或置空。

函数体即为函数首部下面的花括号内的部分。函数体一般包括变量声明和函数过程。变量声明部分包括定义在本函数中所用到的变量，如例3.2在max( )函数中定义变量“int z;”对本函数所调用函数进行声明，以及在main函数中对max函数的声明“int max(int x, int y);”。函数过程是由若干个语句组成，指定在函数内部进行的操作。值得注意的是，在某些情况下，函数体可以为空，即为空函数。

（3）语句

语句是程序运行时执行的命令，C 语言规定每条语句都要以分号结尾（复合语句除外，它将多个语句用{}括起来）。语句的种类很多，包括函数调用语句，如例 3.1 中的“printf("I love China!\n");”、表达式语句“(c=a+b;)”、控制语句（if 语句等）、空语句和复合语句等。由于语句可以连续占用多行，有时很难确定其结束位置，因此用分号向编译器显示语句的结束位置。

3.2.3　C 语言程序的实现过程

3.2.1 小节中用 C 语言编写的程序是源程序，计算机不能直接识别和执行。因此，运行一个 C 语言程序需要经过如下几个步骤。

（1）编辑

在开发环境集成的编辑器（如 Visual C++ 6.0）中编写 C 语言源程序，或通过其他文本文件编辑软件（如 Notepad、Sublime Text 等）完成源程序的编写。源程序代码编辑好后以文本文件的形式保存在磁盘中，其文件扩展名为.c。

（2）编译

编译就是调用“编译程序”将已编写好的源程序翻译成二进制的目标程序。在编译时，系统会对源程序进行语法检查。当发现错误时，会在屏幕上显示错误提示信息，此时应再次进入编辑状态，对源程序中出现的错误进行修改，直到编译通过为止。编译通过后会得到一个与源程序同名的文件，其文件扩展名为.obj。

（3）链接

编译产生的文件并不能直接执行，因为源程序中每一个模块往往是单独编译的。链接是将各个模块的二进制目标程序与系统标准模块经过“链接程序”处理后，得到可执行文件，其扩展名为.exe。

（4）运行

可执行文件生成后，就可以在操作系统的支持下运行。如运行结果达到预想目的，则开发工作完成。否则，需要对源程序进行调整或修改，再经过上述 3 步操作，直到得出预想的结果。

3.2.4　C 语言程序的一般书写规则

虽然 C 语言程序语句有简洁精练、语义丰富、灵活多变的特点，但是也不能随意编写，应当遵从一定的书写规则。这样不仅能够养成良好的编写习惯，也极大地降低了编译出错的可能性。

1）C 程序严格区分英文大小写字母。大写字母组成的标识符一般用于特定的场合，如符号常量的定义；小写字母组成的标识符，一般表示变量。

2）所有语句都必须以分号结束。

3）C 程序中一个语句可占多行，一行也可以有多个语句，但要用分号分隔开。

4）用花括号{}标记程序的结构层次。

5）C 语言中的一些符号必须配对使用，如注释符号/* */、模块起止符号{}、圆括号（）等。

6）采用逐层缩进格式，使程序清晰易懂。

7）可以在程序任何地方插入注释。注释是对程序功能或语义等的解释说明，多使用注释信息可提高程序的可读性。

3.3 算法及结构化程序设计

在实际应用中，问题越复杂，编写程序的难度越大，如果不加以约束和规范，就可能使程序变得混乱，导致程序出错率变高、易读性较差、可维护性降低等问题。然而，面对一个复杂的问题，很难快速想到合适的算法，并写出一个层次分明、结构清晰的程序。因此，需要采用结构化程序设计，通过将一个复杂问题的求解过程分阶段进行，使每个阶段处理的问题都控制在人们容易理解和处理的范围内。

3.3.1 算法

（1）算法的含义

许多实际问题的求解依赖有效算法的设计与实现。算法是解决某个特定问题的方法或步骤。换言之，算法是为解决一类特定问题而设计的确定的、有限的操作步骤。这些操作步骤构成了一系列有序指令的集合，这就是求解问题的计算机程序。

（2）算法的特点

1）有穷性：算法必须保证执行有限步后结束。也就是说，对一个算法，要求其在时间和空间上是有穷的。

2）确定性：算法中每一条指令都有确切的含义，且算法对相同的输入将产生相同的输出。

3）可行性：算法操作都是可以通过基本运算的有限次执行来实现的。

4）输入：算法中应有 0 个或多个输入。

5）输出：算法中应该有一个或多个输出。

（3）算法的表示方式

在设计好算法后，就可以用不同的表示方式描述算法，常用的有自然语言、流程图和伪代码等。对于例 3.2 中的 main( )函数，其相应的自然语言表示如下。

1）定义 a、b、c。

2）从键盘中输入 a、b 的值。

3）判断 a>b 是否成立，若成立则将 a 赋给 c，否则将 b 赋给 c。

4）输出 c 的值。

自然语言表示通俗易懂，但文字冗长，容易出现歧义。因此，除了很简单的问题以外，一般用流程图表示算法。流程图是用一个图框表示各种操作。用图形表示算法，直观且易于理解。美国国家标准化协会规定了一些常用流程图符号（表 3-1），已被世界各国程序工作者普遍采用。

表 3-1　常用流程图符号及含义

名称	符号	含义
端点、中断	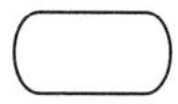	标准流程的开始与结束，每个流程图只有一个起点
进程		要执行的处理
判断	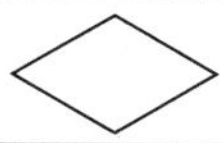	决策或判断
文档	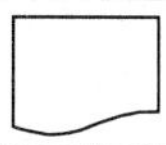	以文件的方式输入或输出
流向		表示执行的方向与顺序
数据		表示数据的输入或输出
联系	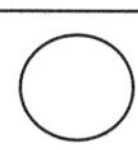	同一流程图中从一个进程到另一个进程的交叉引用

例 3.2 中的 max( )函数，其相应的流程图如图 3-1 所示。

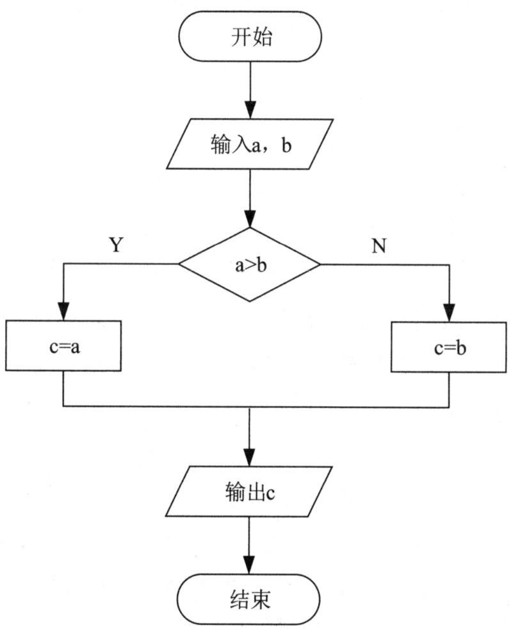

图 3-1　例 3.2 中 max( )函数算法流程图

3.3.2　结构化程序设计基本概念

结构化程序设计思想最早是由艾兹格 • W. 迪科斯彻（Edsger Wybe Dijkstra）在 1965 年提出的，按照这种思想设计出的程序一般结构清晰、容易理解且易于修改，从而保证程序的正确性。其主要原则和特点如下：自顶向下、逐步细化、模块化设计和结构化编码。

自顶向下的程序设计是指不需要在一开始就过多地追求细节，而应该先从总体目标开始设计，然后逐步使问题更具体，最后再处理每个具体的问题。

逐步细化是指在求解子问题时，应先设计出解决问题的大致步骤，然后将其逐步细化，直到能用计算机语言表达。

在处理比较复杂的问题时，可将其分解为若干个简单的子问题，子问题又可继续分解为具体的小目标，直到每个小目标相对独立、简单为止。实际上，这种将大问题逐步分解的过程就是模块化设计的过程，其中每个小目标都可视为一个模块。

结构化程序设计是指编写的程序只采用顺序、选择和循环 3 种基本程序结构，程序中的每个基本结构是单入口和单出口的，没有无休止重复执行的语句，或者绝对不会被执行的语句。

3.3.3 结构化程序设计的 3 种基本结构

在使用 C 语言编写程序时，应该遵循结构化程序设计的基本思想，尽量使用以下 3 种基本结构进行编写。

（1）顺序结构

顺序结构表示程序中的各项操作是按照它们出现的先后顺序执行的，即程序运行时，从 main( )函数开始，按照书写的顺序依次执行每一条语句。

（2）选择结构

在实际问题中，很多问题顺序结构无法解决，有时需要根据相应的条件进行判断来决定所需要的操作，这就是选择结构。选择结构表示程序的处理步骤出现了分支，需要根据特定的条件来决定执行其中的哪一条分支。分支有单分支、双分支和多分支 3 种情况，C 语言使用 if 语句和 switch 语句来实现选择结构。

（3）循环结构

当一条语句需要执行多次时，就需要使用循环结构。循环结构表示程序在某种条件成立时反复执行某操作，直到该条件不成立时才终止循环。C 语言提供了 while 语句、do-while 语句和 for 语句来实现循环结构。

本 章 小 结

本章以求解问题为目的，主要介绍了 C 语言的概念，C 语言程序的实例、结构和一般书写规则，以及结构化程序设计的思想和算法的描述方法。通过本章的学习应该初步建立运用计算机语言求解简单问题的思维方式，具备能够解决简单问题的程序设计能力。

习 题

1. 为什么需要有高级语言？

2. 如果一段 C 语言程序的 main( )函数末尾没有 return 语句会产生什么后果？

3. 请参考本章例题，编写一个 C 语言程序，输出以下信息：

```
============================
Hello, World! Hello, C 语言
============================
```

4. 试用一种算法表示方法表示例 3.2。

5. 思考为什么要提倡结构化编程。

6. 思考如何编程实现计算一个人的身高体重比。提示：身高体重比的计算方法为体重（kg）除以身高（m）的平方。

7. 思考如何编程实现判断一个人的身高体重比是否正常。提示：正常范围是 18.5～24。

8. 画出第 6、第 7 题的流程图。

第 4 章　C 语言基础知识

正如学习其他语言一样，学习 C 语言也需要首先掌握它的语法，然后在实践中熟练运用。本章主要介绍 C 语言的基本符号、标识符、关键字、常量、变量、数据类型、运算符和表达式等，从而为后续的学习打下基础。

4.1　字符集与标识符

4.1.1　字符集

字符集是构成 C 语言的基本元素，用 C 语言编写程序时，所写的语句是由字符集中的字符构成的。C 语言的字符集由下列字符构成。

1）数字字符：0～9。

2）大小写英文字母：a～z，A～Z。

3）特殊字符：!、#、%、&、*、_、+、−、=、<、>、/、|、.、,、:、;、?、'、()、[]、{}。

4）空白字符：空格符、换行符、制表符。

4.1.2　标识符与关键字

在 C 语言中，用来表示变量名、符号常量、数组名、函数名、文件名等的有效字符序列称为标识符。用户可以自定义标识符编写代码，但定义标识符应满足 C 语言规定的如下两条规则。

1）标识符只能由字母、数字和下画线 3 种字符组成，且第一个字符必须为字母或者下画线。

2）不能使用 C 语言的关键字作为标识符。

例如，num、Count、_asg、x、y2、file_45_a 都是合法的标识符，!cry、b#、5c 都是不合法的标识符。

关键字是由系统预先定义、用来说明 C 语言特定成分的一类标识符，它们在程序中有着固定的含义，不能另作其他用途。常用的 C 语言关键字如下：

Auto	break	case	char	const	continue	default	do
double	else	enum	extern	float	for	goto	if
int	long	register	return	short	signed	sizeof	void
static	struct	switch	typedef	union	unsigned	volatile	while

另外，由于 C 语言对英文字母的大小写是敏感的，因此英文字母的大小写代表不同的标识符。例如，month 和 Month 代表不同的标识符。

4.2 常量和变量

在 C 语言中，数据通常以常量或变量的形式出现。

4.2.1 常量

常量是指在程序运行过程中其值不随程序的运行而改变的量。C 语言中的常量可分为两类：字面常量和符号常量。

1. 字面常量

字面常量是指从字面形式上即可识别的常量，是没有名字的不变量，包括如下类型。

（1）整型常量

整型常量指一个具体的整数，如 39、0、−765 等。通常分为十进制整数，如 20；十六进制整数，用前缀 0x 或 0X 表示，如 0x14（即十进制数 20）；八进制整数，用前缀 0 表示，如 024（即十进制数 20）。

（2）实型常量

在 C 语言程序中，实型常量（或浮点常量）有两种表示方式：定点表示法和科学计数法。定点表示法由数字和小数点组成，如 3.14、−0.88、0.56 等。科学计数法即指数表示法，如 56.32e4（代表 56.32×10^4）、−3.2E−25（代表-3.2×10^{-25}），由指数和底数构成。由于在计算机输入或输出时，无法表示上角或下角，故规定以字母 e 或 E 代表以 10 为底的指数。但应注意：e 或 E 之前必须有数字，且 e 或 E 后面必须为整数，如不能写成 e3、10E0.4 等。

（3）字符型常量

C 语言中的字符型常量是指用单引号括起来的一个字符。其中，单引号是定界符，不属于字符常量的部分。如'A'、'3'、'#'、' '，分别表示字符 A、3、#和空格。除了以上形式的字符型常量外，C 语言还允许使用以字符“\”开头的转义字符，意思是将“\”后面的字符转换成另外的意义。例如，例 3.1 程序中第 4 行的“\n”代表一个换行符。通常，不能用键盘直接打出来的字符可以用转义字符表示。常用的以“\”开头的转义字符见表 4-1。

表 4-1 常用的转义字符及其作用

转义字符	字符值	输出结果
\'	一个单引号（'）	具有八进制码的字符
\"	一个双引号（"）	输出此字符
\?	一个问号（?）	输出此字符
\\	一条反斜线（\）	输出此字符
\a	警告（alert）	产生声音或视觉信号
\b	退格（backspace）	将当前位置后退一个字符
\f	换页（formfeed）	将当前位置移到下一页的开头
\n	换行	将当前位置移到下一行的开头

续表

转义字符	字符值	输出结果
\r	回车（carriage return）	将当前位置移到本行的开头
\t	水平制表符	将当前位置移到下一个 tab 位置
\v	垂直制表符	将当前位置移到下一个垂直制表对齐点
\o、\oo 或\ooo 其中 o 代表一个八进制数	与该八进制数对应的 ASCII 字符	与该八进制数对应的字符
\xh[h…] 其中 h 代表一个十六进制数	与该十六进制数对应的 ASCII 字符	与该十六进制数对应的字符

（4）字符串常量

字符串常量是由一对双引号括起来的 0 个或多个字符组成的序列，其中双引号是定界符，不属于字符串常量部分，如"hello"和"China"等。单引号内只能包含一个字符，不能错写成'hello'和'China'，双引号内可以包含一个字符串。注意：字符串常量在存储时每个字符占一个字节，并在尾部增加一个字符'\0'以示结束，如'a'占 1 个字节，而"a"占 2 个字节。

2. 符号常量

为了便于理解常量的含义，可以在程序中用#define 预处理命令，指定一个标识符代表一个常量。例如：

```
#define PI 3.1415926   //定义符号常量 PI，注意行末没有分号
```

在对 C 程序编译前，C 预处理器会将程序中所有的 PI 都用 3.1415926 代替。

4.2.2 变量

变量用来存放数据，是有名字的、具有特定属性的存储单元。在程序运行期间，变量的值是可以改变的。变量必须先声明，才能使用。很多时候，变量定义的同时也意味着声明。定义变量即指定变量的名字和类型（变量名需要满足标识符命名规则），格式如下：

```
数据类型 变量名表;
```

其中变量名表可以是一个变量，也可以是由多个变量名组成的列表。其中，各变量名之间以逗号间隔，最后一个变量名后面用分号表示定义结束。例如：

```
int i, j, k;          //定义 int 型变量 i、j 和 k，分别用来存储一个整型数值
```

C 语言允许在定义变量的同时为变量赋值，也就是变量的初始化，一般格式如下：

```
数据类型 变量名=值;
```

例如：

```
float sum=2.4;      //定义 float 型变量 sum 并为其赋值 2.4
```

一般情况下，浮点数的数据类型默认为 double，在用浮点数给 float 型变量赋值或者初始化时，最好在浮点数常量后面加后缀 f（代表 float），如“float sum=2.4f;”，这样就不会引发编译器警告。

4.3　数 据 类 型

在计算机中，数据存放在由有限字节构成的存储单元中，每一个存储单元中存放数据的范围是有限的。类型就是对数据分配存储单元的安排，包括存储单元的长度（占多少字节）、数据的取值范围、运算方式以及数据的存储形式。C 语言常用数据类型如图 4-1 所示。

- 数据类型
  - 基本类型
    - 整型（int）
    - 字符型（char）
    - 浮点型
      - 单精度（float）
      - 双精度（double）
    - 字符串型
  - 复合类型
    - 数组类型（[ ]）
    - 指针类型（*）
    - 函数类型
  - 用户自定义类型
    - 枚举类型（enum）
    - 结构体类型（struct）
    - 联合类型（union）
  - 空类型（void）

图 4-1　数据类型分类示意图

基本类型通常都是数值，也称为算术类型。复合数据类型是由基本数据类型按照一定的规则组合而成的。例如，数组是由相同类型的数据的集合组合而成的，指针是一种特殊的数据类型，可以用来表示变量在内存空间中的物理地址。用户自定义类型则是用户运用枚举、结构体、联合等机制定义的数据类型。例如，结构体是由一系列具有相同类型或不同类型的数据构成的数据集合；联合是指将不同（或相同）类型的数据项组成一个整体，它们在内存中占用同一段存储单元。空类型用于描述函数无返回值或者指针类型为空。

4.4　运算符和表达式

4.4.1　算术运算符

1. 基本的算术运算符

一般而言，基本的算术运算符是双目运算符，需要两个运算数。C 语言中常用的算术运算符有加（+）、减（-）、乘（*）、除（/）、求余（或称模运算，%）等。其中，运算符“+”和“-”不仅可以表示加法和减法运算，还可以表示正值或负值（此时是单目运算符）。

注意：

1）由于键盘无“×”号，运算符“×”以“*”代替。

2）由于键盘无“÷”号，运算符“÷”以“/”代替。两个实数相除的结果是双精度实数。两个整数相除的结果为整数，例如 5/3 的结果值为 1，舍去小数部分。

3）“%”运算符要求参加运算的运算对象（即操作数）为整数，结果也是整数，如 8%3 的结果为 2。

4）除“%”以外的运算符的操作数可以是任何基本类型。

【例 4.1】分析下列程序。

```
#include <stdio.h>
int main()
{
    int a = 9, b = 2;
    printf("a+b=%d,a-b=%d,a*b=%d\n",
        a + b, a - b, a * b);
    printf("a/b=%d,a%%b=%d,+a=%d,-a=%d\n",
        a / b, a % b, +a, -a);
    return 0;
}
```

程序运行结果如下：

```
a+b=11,a-b=7,a*b=18
a/b=4,a%b=1,+a=9,-a=-9
```

2. 算术运算符的优先级

用算术运算符将运算数连接起来的表达式称为算术表达式。当表达式包含多个运算符时，其含义可能不是一目了然。例如，表达式 a+m*n 是先进行加法运算还是先进行乘法运算呢？解决这一问题的一个方法就是添加圆括号，写为(a+m)*n 或者 a+(m*n)。

作为通用规则，C 语言允许在所有表达式中用圆括号进行分组。可是如果不使用圆括号该如何操作呢？C 语言采用运算符优先级规则来解决这种隐含的二义性问题。算术运算符的相对优先级如图 4-2 所示。在求解算术表达式时，按照运算符的优先级从高到低，优先级相同的按照结合方向进行运算。

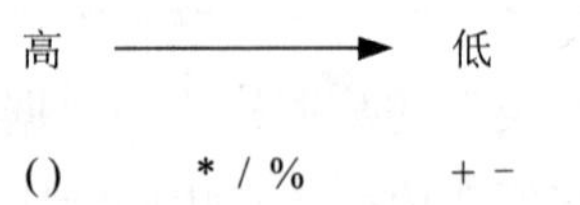

图 4-2　算术运算符的相对优先级

【例 4.2】设有变量定义 int a=2, b=4, c=3;，分析以下两个表达式的值。

1）a+b*c-b/a+b%c*a

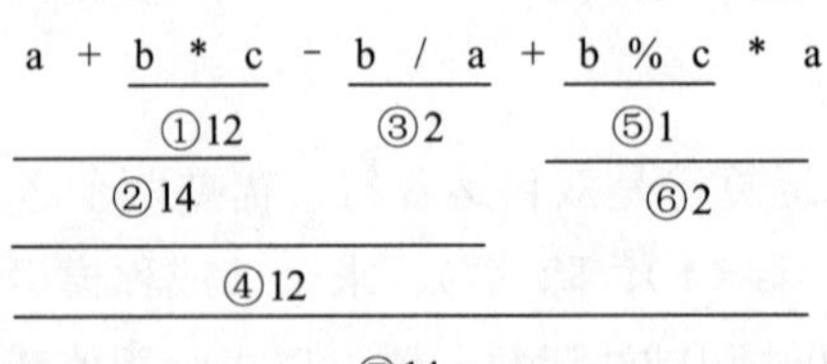

2）a+b*(c−b)/a+b%(c*a)

```
a + b * (c - b) / a + b % (c * a)
          ①-1              ⑤6
      ②-4                  ⑥4
          ③-2
      ④0
                ⑦4
```

上述运算过程中，带圈的数字表明了运算的顺序，由此可以看出，表达式 2）中的括号改变了运算优先级，因此与表达式 1）的结果不同。

3. 不同数据类型之间的类型转换

在编程时，经常会遇到不同类型的数据出现在一个表达式中，如 3+2.5。整型和实型数据可以混合运算，而字符型数据与整型通用，因此，整型、实型和字符型数据之间可以混合运算。此时需要将不同的数据类型转换成同一种类型，然后再进行运算。

（1）隐式转换

如果一个运算符左右操作数的数据类型不同，则先自动进行类型转换，使二者具有同一种类型再进行运算。因此，整型、实型、字符型数据之间可以通过隐式转换进行混合运算。规律如下。

1）+、−、*、/ 运算的两个数有一个数为 float 型或 double 型，结果是 double 型，因为系统将所有 float 数据都转换为 double 型再进行运算。

2）int 类型与 float 类型数据进行混合运算，其结果是 float 型；int 型与 double 型数据进行混合运算，其结果是 double 型。

3）字符（char）型数据与整型数据进行运算时，用字符的 ASCII 码值与整型数据进行运算，其结果是整型类型。如果字符型数据与实型数据进行运算，用字符的 ASCII 码值与实型数据进行运算，其结果是该实型类型。

以上数据类型的转换由编译器自动完成。

【例 4.3】假设已有定义“int i;float f; double d;”，分析表达式“30+'c'−i*f+d”的运算过程（求出运算顺序和每一步的数据类型）。

```
30 + 'c'  -  i * f + d
 ①int        ②float
      ③float
      ④double
```

（2）显式转换

当自动类型转换不能实现目的时，可以用强制类型转换。例如，%运算符要求其两侧均为整型量，若 x 为 float 型，则 x%3 不合法，必须用(int)x%3。强制类型转换运算符将一个表达式转换成所需类型。例如：

```
(double)a        //将 a 转换成 double 型
(int)(x+y)       //将 x+y 的值转换成 int 型
(int)x+y         //将 x 的值转换成 int 型，然后与 y 相加
```

```
(float)(5%3)      //将 5%3 的值转换成 float 型
```

其一般形式如下：

```
(类型名)(表达式)
```

【例 4.4】分析以下程序的运行结果。

```
#include <stdio.h>
int main()
{
    float  x = 7.5; int i; int n;
    i = (int)x; //强制类型转换
    printf("x=%f,i=%d\n", x, i);
    //i和2都为int型，故i/2结果也为int型
    n = i / 2;
    //i为int型，2.0为double型，故i/2.0结果为double型
    x = i / 2.0;
    printf("n=%d,x=%f\n", n, x);
    return 0;
}
```

程序运行结果如下：

```
x=7.500000,i=7
n=3,x=3.500000
```

4.4.2 赋值运算符

C 语言的赋值运算符包括简单赋值运算符和复合赋值运算符。

简单赋值运算符与代数中的等号相同，即=，它的作用是将一个数据赋给一个变量。如 a=5 的作用是执行一次赋值操作（或称赋值运算），把常量 5 赋给变量 a；也可以将一个表达式的值赋给一个变量，如 a=b+1 的作用是将表达式 b+1 的值赋给变量 a。

复合赋值运算符由赋值运算符=前面再加上其他运算符构成，如+=、-=、*=等。C 语言中常用的赋值运算使用方法如例 4.5 所示。

【例 4.5】分析以下程序。

```
int main()
{
    int a = 1, b = 2;
    //等价于b=b+a，执行该语句后，b的值变为3
    b += a;
    //等价于b=b/(a+2)，执行该语句后，b的值又变为1
    b /= a + 2;
    //赋值运算符为右结合性，即从右往左运算，故先执行a*=3,
    //a变为3，然后执行a-=3，a变为0
```

```
        a -= a *= 3;
        return 0;
    }
```

说明：如果在复合运算符右边是包含若干项的表达式，则相当于该表达式有括号，如 b/=a+2 的作用是使 b 除以(a+2)，再赋值给 b。

在 C 语言中，算术运算符、关系运算符、逻辑运算符一般都可以与赋值运算符一起组合成复合赋值运算符。采用复合赋值运算符，不仅可以简化程序，还能提高编译效率和代码质量。

4.4.3 自增运算符和自减运算符

自增和自减运算符的作用是使变量的值加 1 或减 1，例如：

```
++i,--i   //在使用 i 之前，先使 i 的值加（减）1
i++,i--   //在使用 i 之后，使 i 的值加（减）1
```

在这里，++i 和 i++的作用相当于 i=i+1。但是++i 和 i++的不同之处在于，++i 是先增加 i 得到新值，再使用 i 的新值进行运算；而 i++是先使用原来的 i 进行运算，再增加原来的 i 得到新的 i 值。

【例 4.6】分析以下程序。

```
#include <stdio.h>
int main()
{
    int i = 3, j;
    //i的值先变成4，再赋给j，j的值为4
    j = ++i;
    printf("i=%d,j=%d\n", i, j);          //输出i=4,j=4
    //先将i的值4赋给j，j的值为4，然后i变为5
    j = i++;
    printf("i=%d,j=%d\n", i, j);          //输出i=5,j=4
    return 0;
}
```

说明：

1）自增运算符（++）和自减运算符（--）只能用于变量，而不能用于常量或表达式，如 5++或(a+b)++都是不合法的。因为 5 是常量，常量的值不能被改变。

2）++和--的结合方向是自右向左（一般二元算术运算符的结合方向为自左向右）。若有表达式-i++，假定 i 的值为 2，由于++的优先级比-的优先级高，故表达式类似于-(i++)，先计算 i++，得到表达式的值为 2，然后 i 增加到 3，接着计算取反运算符-，得出-i++值为-2。

3）自增（减）运算符常用于循环语句中，使循环变量自动加 1；也用于指针变量，使指针变量指向下一个内存地址。此部分内容会在之后的章节中进行讲解。

4.4.4 其他常见运算符

1. sizeof 运算符

sizeof 又称长度运算符，在 Visual C++ 6.0 中，用于测试数据类型所分配的内存字节数，其一般格式如下：

```
sizeof(数据类型)或sizeof 表达式
```

【例 4.7】分析以下程序，输出其运行结果。

```
#include <stdio.h>
int main()
{
    int a;
    //输出int类型变量所占内存字节数
    printf("length of int = %d\n", sizeof(int));
    //输出变量a所占内存字节数
    printf("length of a = %d\n", sizeof(a));
    return 0;
}
```

程序运行结果如下：

```
length of int = 4
length of a = 4
```

长度运算符是一个单目运算符，它的功能是返回给定类型的运算对象所占内存字节的个数，因此长度运算的结果是一个整型数。在 64 bit 编译器中，计算 char 型数据的占用字节数，结果为 1，表示 char 类型数据在内存中占用一个字节。每个不同的类型数据所占用的字节数不都是一样的。需要注意的是，不同数据类型在内存中所占的字节数与平台系统有关。

2. 逗号运算符

逗号运算符（,）是 C 语言提供的特殊运算符。用“,”将两个表达式连接起来所构成的表达式称为逗号表达式。例如，3+5,6+8。

逗号表达式的一般形式如下：

```
表达式1,表达式2,…,表达式n
```

其求解过程是先求表达式 1 的值，再求表达式 2 的值，整个表达式的值是表达式 n 的值。例如，3+5,6+8，表达式的值为 14。

逗号表达式的求解过程是从左往右，整个表达式的值是最后一个子表达式的值。另外需要注意，由于逗号运算符是所有运算符中级别最低的，因此书写表达式时要注意求解的次序。

【例 4.8】分析以下程序，输出其运行结果。

```
#include <stdio.h>
```

```
int main()
{
    int a, b, c, d, sum;
    a = 1; b = 2; c = 3; d = 4;
    // 先求括号中逗号表达式的值，为7，然后将其赋值给sum
    sum = (+b, c + d);
    printf("sum = %d\n", sum);
    //先求赋值表达式sum=+b的值，为2，然后再求逗号表达式2,7的值，为7
    //注意整个表达式的值为7，但并未将7赋值给任何变量
    sum = +b, c + d;
    printf("sum = %d\n", sum);
    return 0;
}
```

程序运行结果如下：

```
sum = 7
sum = 2
```

4.4.5　表达式

1. 表达式的概念

用 C 语言运算符将运算对象连接起来的、符合 C 语法规则的式子，称为表达式。这里的运算对象包括常量、变量、函数等。例如，a=b+5 是一个赋值表达式，a+(b*c)是一个算术表达式。

2. 表达式求值

为了使表达式能够按照正确的法则运算，C 语言规定了运算符的优先级和结合性：在表达式求值时，先按运算符的优先级执行，如果优先级相同，再按结合性处理。

表 4-2 总结了到目前为止讲到的常用运算符。其中第一列显示了每种运算符相对于表中其他运算符的优先级（最高优先级为 1，最低优先级为 6），最后一列显示了每种运算符的结合性。

表 4-2　部分 C 语言运算符的优先级和结合性

优先级	类型名称	符号	结合性
1	圆括号	()	左结合
2	自增 自减 一元正号 一元负号 类型转换 长度	++ -- + - （类型） sizeof	右结合
3	乘法类	*、/、%	左结合

续表

优先级	类型名称	符号	结合性
4	加法类	+、-	左结合
5	赋值	=、*=、/=、%=、+=、-=	右结合
6	逗号	,	左结合

【例 4.9】分析以下程序，输出其运行结果。

```
#include <stdio.h>
int main()
{
    int i = 8, a = 1, k;
    double  x = 1.42, y = 5.2;
    //都是赋值运算，优先级相同，因此要看结合性，需从右往左算
    a -= a *= a + 3;
    printf("a = %d\n", a);
    //强制类型转换优先级高于%
    k = (int)x % 3;
    printf("k = %d\n", k);
    a = 1;
    //先算强制类型转换，*、/、%优先级相同，从左往右算
    y = x + a % 3 * (int)(x + y) % 2 / 4;
    printf("y = %f\n", y);
    return 0;
}
```

程序运行结果如下：

```
a = 0
k = 1
y = 1.420000
```

本章小结

本章主要介绍了C语言中的字符集、标识符、常量、变量、运算符以及表达式等基础知识。

通过本章的学习，应该重点掌握数据类型的表示、变量的命名规则和定义方法、运算符的优先级和结合性，以及表达式的书写和求解等知识。

习　题

1. 假设 a=5，b=4，c=3，思考逻辑表达式!(a+b)+c-1&&b+c/2 的值。

2. 判断 Year、year、YeAr、year1、1year、_year、^year、ye-ar 等变量名的定义，哪些是合法的，哪些是不合法的？其中，合法的变量名是否相同？为什么？

3. 输入一个字符为某一变量赋值，思考有多少种输入方式。

4. 键盘输入一串小写字母，如何将其转换为大写字母输出？

5. 键盘输入 3 个整数，如何输出其中最大的数？

6. 键盘输入一个小于 100 的正数，如何编程求其平方根并输出？（如果平方根并非整数，则保留两位小数。）

7. 键盘输入一个三位数，思考如何编程实现将其逆序输出。（如输入 258，输出 852）

8. 有 4 个随机整数，思考如何编程实现将其按照从大到小的顺序输出。

第 5 章　数据的输入与输出

在程序的设计过程中，经常会涉及数据的输入与输出。不同类型的数据需要正确的输入，在程序执行之后，也需要给出符合要求的输出结果。C 语言中输入和输出操作是通过标准函数库中的函数来实现的。

5.1　格式化输入与输出

5.1.1　格式化输出函数 printf( )

在 C 语言中，用来实现数据输出的函数主要是 printf( )函数。通过调用 printf( )函数，可以实现向标准输出设备输出若干指定类型的数据。

1. 调用形式

printf( )函数调用的一般形式如下：

```
printf(格式控制字符串,输出列表);
```

例如：

```
printf("a=%d, b=%f\n",a,b);
```

在上述调用中，包含如下两项参数。

1）格式控制字符串：用双引号括起来的字符串。该字符串包含两类说明信息：一类是普通字符，在输出时按原样输出；另一类是格式控制符，以%开头，由%和格式字符组成的字符串，如%d，说明输出数据的类型、数据长度和小数保留位数等。

2）输出列表：指明要输出的输出项。输出项可以是任意合法的常量、变量或表达式，当输出数据多于一项时，各输出项之间用逗号间隔。输出项的类型和个数必须与格式控制符的类型和个数完全一致，否则会引起数据输出错误。由类型或个数不匹配引起的错误，系统并不提示为编译错误，而只会表现为运行时错误。

在上面的例子中，若 a=3，b=5，则程序运行结果如下：

```
a=3, b=5.000000
```

在格式控制字符串“a=%d, b=%f\n”中，%d 和%f 为格式控制符，输出时，由输出列表中的变量 a 和变量 b 的值依次替换，即%d 替换为 3，%f 替换为 5.000000（实型数据输出时，默认保留 6 位小数）；其他字符（即加下画线的字符）作为普通字符，原样输出。

2. 格式控制符说明

在 printf( )函数中，不同类型的数据用不同格式控制字符说明。

（1）整型

1）%d：输出一个有符号的十进制整型数据。

2）%md：m 指定输出数据的宽度（所占的位数），如%6d，指定输出数据占 6 位。如果数据位数不足 m 位，则左侧以空格补足位数；若数据位数大于 m 位，则按实际位数输出。

3）%0md：如果数据位数不足 m 位，则左侧以 0 补足位数；若数据位数大于 m 位，则按实际位数输出。

4）%o：以八进制无符号形式输出整型数据。在输出时，内存单元中整型数据的最高位被看作数据位，而不是符号位，也就是将数据的符号位也当作八进制数的一部分，因此输出的八进制数值不带符号。

5）%x 或%X：以十六进制无符号形式输出整型数据。同样的，十六进制数也不会出现负数。

6）%u：以无符号十进制形式输出整型数据。

7）%ld：输出长整型数据。字符 l 代表 long。

【例 5.1】 将整数 25 分别按十进制、6 位宽度十进制、八进制、十六进制和无符号十进制形式输出。

分析：定义整型变量 a，调用 printf( )函数，在格式控制字符串中指定对应的格式控制符，输出变量 a 的相应数据形式。

编写程序如下：

```
#include<stdio.h>
int main()
{
    int a=25;
    printf("有符号十进制形式: %d\n", a);
    printf("按6位数据宽度输出: %6d\n", a);
    printf("按6位数据宽度输出, 不足补0: %06d\n", a);
    printf("八进制形式: %o\n", a);
    printf("十六进制形式: %x\n", a);
    printf("无符号十进制形式: %u\n", a);
    return 0;
}
```

程序运行结果如下：

```
有符号十进制形式：25
按 6 位数据宽度输出：    25
按 6 位数据宽度输出，不足补 0：000025
八进制形式：31
十六进制形式：19
无符号十进制形式：25
```

说明：在 C 语言中，当调用系统库函数时，需要在程序文件的开头用预处理命令#include 将相关的头文件包含到源程序中。C 语言的头文件（header file）存放了被调用函数的声明与定义等相关信息。调用不同的库函数时，需要将对应的头文件包含进来。

在上面的程序中，stdio.h 头文件中存放了调用标准输入输出函数所需要的信息，因此，为了正确调用 printf( )函数，就要将预处理命令#include<stdio.h>放到本程序的开头。

【例 5.2】将整数-1 分别按十进制、八进制、十六进制和无符号十进制形式输出。

分析：在讨论负数的输出时，整数在内存单元中用 4 个字节存储，并且是以二进制的补码的形式存储，最高位作为符号位，如图 5-1 所示。当以八进制、十六进制和无符号十进制的形式输出时，最高位的符号位被看作数据位，因此输出时不带负号。

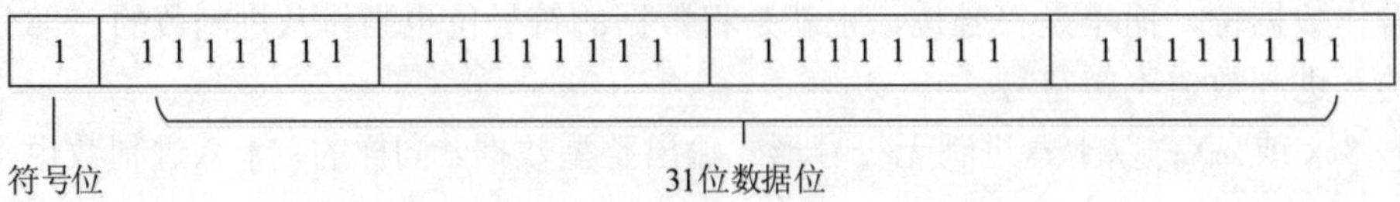

图 5-1　整数-1 在内存单元中的存储情况

编写程序如下：

```
#include<stdio.h>
int main()
{
    int a=-1;
    printf("有符号十进制形式: %d\n", a);
    printf("八进制形式: %o\n", a);
    printf("十六进制形式: %x\n", a);
    printf("无符号十进制形式: %u\n", a);
    return 0;
}
```

程序运行结果如下：

```
有符号十进制形式：-1
八进制形式：37777777777
十六进制形式：ffffffff
无符号十进制形式：4294967295
```

有兴趣的读者可以以-1 为例，思考二进制数向八进制数、十六进制数和无符号十进制数转换的转换过程。

（2）实型

1）%f：输出单精度或者双精度实型数据，整数部分完整输出，小数部分保留 6 位。如果小数位数不足 6 位，以 0 补足。

2）%m.nf：m 指定输出数据的宽度，n 指定保留小数的位数。如果数据的小数位数大于 n，则对其后的一位四舍五入。

3）%e：以指数形式输出实数。指数部分用 e 间隔。

4）%E：以指数形式输出实数。指数部分用 E 间隔。

5）%g：根据数值的大小，自动选择%f 格式或者%e 格式中数据宽度较短的形式输出。

【例 5.3】 定义“float a=314.15926;double b=4.8;”。输出 a、b，将 a 按 8 位数据宽度输出，并保留 3 位小数；将 a 以指数形式输出；令 a 以数据宽度较短的形式输出。

编写程序如下：

```
#include<stdio.h>
int main()
{
    float a=314.15926;
    double b=4.8;
    printf("a的值为: %f\n", a);
    printf("b的值为: %f\n", b);
    printf("按8位数据宽度输出, 保留3位小数: %8.3f\n", a);
    printf("以指数形式输出, 以e间隔: %e\n", a);
    printf("以指数形式输出, 以E间隔: %E\n", a);
    printf("选择宽度较短的输出格式: %g\n", a);
    return 0;
}
```

程序运行结果如下：

```
a 的值为：314.159271
b 的值为：4.800000
按 8 位数据宽度输出，保留 3 位小数： 314.159
以指数形式输出，以 e 间隔：3.141593e+002
以指数形式输出，以 E 间隔：3.141593E+002
选择宽度较短的输出格式：314.159
```

说明：格式控制符%f 既可以输出 float 型数据，也可以输出 double 型数据。在没有说明小数的保留位数时，默认输出 6 位小数。在上面的第一条输出语句中，因为 float 型数据的有效位数为 7 位，所以在输出 a 时，只有前面 7 位数据是精确的。

在第三条输出语句中，要求输出数据的宽度占 8 位，因为数字和小数点已经占了 7 位，所以前面空了 1 位。

在第四和第五个输出语句中，%e 和%E 指明数据按标准化指数形式输出，即在数字部分中，小数点前有且仅有 1 位非零数字，小数位数保留 6 位，指数部分占 5 位，e 或 E 占 1 位，指数符号占 1 位，指数占 3 位。

在最后一条输出语句中，由于数据 a 的小数表示的数据宽度小于指数形式的数据宽度，因此自动选择%f 作为输出形式。

（3）字符型

1）%c：输出一个字符。

2）%s：输出一个字符串。

3）%ms：m 指定输出字符串的位数。如果字符串长度小于 m，则左侧补足空格；若字符串长度大于 m，则输出全部字符串。

4）%-ms：输出宽度为 m 的字符串。如果字符串长度小于 m，在字符串右侧补足空格。

5）%m.ns：输出字符串位数为 m，但是只取原字符串中左侧的 n 个字符。

【例 5.4】 输出大写字母 A 和它的 ASCII 码值。

分析：字符数据在内存中以它的 ASCII 码存储。在输出的时候，如果以%c 作为字符变量的格式控制符，则输出的是字符形式；如果以%d 作为字符变量的格式控制符，则输出的是字符数据的 ASCII 码值。

编写程序如下：

```
#include<stdio.h>
int main()
{
    char m='A';
    printf("输出大写字母: %c \n", m);
    printf("输出A的ASCII码值: %d \n", m);
    return 0;
}
```

程序运行结果如下：

```
输出大写字母：A
输出 A 的 ASCII 码值：65
```

【例 5.5】 输出字符串 hello，将字符串按 8 位宽度输出，并使字符串向右对齐、向左对齐或者输出字符串的左侧两位字符。

编写程序如下：

```
#include<stdio.h>
int main()
{
    printf("输出字符串: %s\n", "hello");
    printf("按8位数据宽度输出(右对齐): %8s\n", "hello");
    printf("按8位数据宽度输出(左对齐): %-8s\n", "hello");
    printf("输出字符串左侧两位字符: %8.2s\n", "hello");
    return 0;
}
```

程序运行结果如下：

```
输出字符串：hello
按 8 位数据宽度输出(右对齐)：   hello
按 8 位数据宽度输出(左对齐)：hello
输出字符串左侧两位字符：      he
```

为方便查阅，此处对 printf( )函数的格式控制符进行总结归纳，如表 5-1 所示。

表 5-1　printf( )函数中常用的格式控制符

输出类型	格式控制符	含义
整型	%d	输出一个有符号的十进制整数
	%md	m 指定输出数据的宽度。若数据位数不足 m，则左侧以空格补足；若数据位数大于 m，则按实际位数输出
	%0md	若数据位数不足 m，则左侧以 0 补足
	%o	以八进制无符号形式输出整数
	%x 或%X	以十六进制无符号形式输出整数
	%u	以无符号十进制形式输出整数
	%ld	输出长整型 long 数据
实型	%f	以小数形式输出单精度或者双精度实数，小数部分默认保留 6 位
	%m.nf	m 指定输出数据的宽度，n 指定保留小数的位数。如果数据的小数位数大于 n，则对其后的一位四舍五入
	%e 或%E	以指数形式输出单精度或双精度实数
	%g	选择%f 或者%e 中数据宽度较短的形式输出
字符型	%c	输出一个字符
	%s	输出字符串
	%ms	m 指定输出字符串的位数。如果字符串长度小于 m，则左侧补足空格；若字符串长度大于 m，则输出全部字符串
	%-ms	输出宽度为 m 的字符串。若字符串长度小于 m，在字符串右侧补足空格
	%m.ns	输出字符串位数为 m，但是只取原字符串中左侧的 n 个字符

5.1.2　格式化输入函数 scanf( )

在 C 语言中，scanf( )函数用来实现数据的输入。在程序中调用 scanf( )函数，可以实现通过标准输入设备向系统输入若干指定类型的数据。

1. 调用形式

scanf( )函数调用的一般形式如下：

```
scanf（格式控制字符串，地址列表）;
```

例如：

```
scanf("%d,%d",&a,&b);
```

函数包含如下两项参数。

1）格式控制字符串：用双引号括起来的字符串，包括普通字符和格式控制符。在输入时，必须严格按照格式控制字符串指定的类型和格式输入数据。普通字符按原样输入，格式控制符指定输入数据的类型。

2）地址列表：由若干个地址组成的列表，用逗号间隔。输入的数据将会被存入地址列表指定的内存单元。&是地址运算符，&a 表示变量 a 在内存中的地址，即 a 所对应的内存单元。

在上面的例子中，若通过键盘输入 3、5，则在内存中整数 3 将会存入变量 a 对应的内存单元，即 a 赋值为 3；整数 5 将会存入变量 b 对应的内存单元，即 b 赋值为 5。

2. 格式控制符说明

与 printf( )函数中的格式说明相似，不同的格式控制符指定不同的输入数据的类型。表 5-2 给出了 scanf( )函数中常用的格式控制符及含义。

表 5-2 scanf( )函数中常用的格式控制符及含义

输入类型	格式控制符	含义
整型	%d	输入十进制整数
	%md	m 指定输入数据的宽度。若输入数据的位数大于 m，则只取前 m 位数据
	%o	输入无符号的八进制整数
	%x 或%X	输入无符号的十六进制整数
	%u	输入无符号的十进制整数
	%ld	输入长整型数据
实型	%f	输入单精度实数，小数形式或指数形式输入皆可
	%lf	输入双精度实数，小数形式或指数形式输入皆可
	%e 或%E、%g 或%G	作用同%f
	%le 或%lE、%lg 或%lG	作用同%lf
字符型	%c	输入一个字符
	%s	输入字符串，以非空格字符开始，以第一个空格或回车或 Tab 键结束，并自动在最后加\0 作为字符串结束标志

【例 5.6】 输入圆的半径，求圆的周长和面积。

分析：圆的周长公式为 $C=2\pi r$，面积公式为 $S=\pi r^2$。因为通过键盘输入圆的半径，所以需要调用 scanf( )函数。求出圆的周长和面积后，调用 printf( )函数输出。

编写程序如下：

```
#include<stdio.h>
#define PI 3.1415926                        // 定义符号常量PI
int main()
{  double r,c,s;
   printf("请输入圆的半径: ");
   scanf("%lf", &r);                        // 键盘输入双精度实数，赋值给变量r
   c=2*PI*r;
   s=PI*r*r;
   printf("圆的周长为: %6.2lf\n", c);       //宽度为6，保留2位小数
   printf("圆的面积为: %6.2lf\n", s);
   return 0;
}
```

当输入 10，程序运行结果如下：

```
请输入圆的半径：10↙
圆的周长为： 62.83
圆的面积为：314.16
```

3. 使用时的注意事项

1）scanf( )函数中的第二项参数是地址列表，不是变量名。

例如，在上面的程序中调用 scanf( )函数时，地址列表写的不是&r，而是错误地写成如下形式：

```
scanf("%lf", r);
```

则程序执行时将会出错，变量 r 将无法获得正确的输入值。

2）当输入的数据少于格式控制字符串包含的格式控制符时，程序将处于等待输入状态，直到输入的数据个数符合格式控制字符串的要求；反之，多余的数据将舍去或作为下一个输入函数的输入数据。

3）当格式控制字符串中有多个格式控制符，而这些格式控制符之间没有间隔符时，输入数据可以用空格键、制表键或者回车键间隔。输入结束时，一般以回车键结束。例如：

```
scanf("%d%d%d", &a,&b,&c);
```

输入数据的形式可以有多种情况，都是允许的，例如：

① 3␣4␣5

② 3␣␣␣4␣␣5

③ 3␣4␣（Tab 键）5

④ 3↙

4␣␣5

其中，“␣”代表空格，“↙”代表回车。

4）若格式控制字符串中包含普通字符，在输入时必须严格按照格式要求输入普通字符。表 5-3 给出了常见的包含普通字符的输入情况。

表 5-3 scanf( )函数中包含普通字符的输入格式

scanf( )函数调用	实际输入举例
scanf("%d,%d,%d", &a,&b,&c);	1,4,7↙
scanf("a=%d,b=%d,c=%d", &a,&b,&c);	a=1,b=4,c=7↙
scanf("%d+%d=", &a,&b);	6+8=↙
scanf("%d-%d-%d", &y,&m,&d);	2021-3-21↙
scanf("%d:%d:%d", &h,&m,&s);	14:10:23↙

5）若格式控制字符串中包含连续的字符格式控制符，则输入的任何字符都是有效字符。例如：

```
scanf("%c%c%c", &x,&y,&z);
```

① 当输入 red 时，系统将字符 r 赋值给变量 x，字符 e 赋值给变量 y，字符 d 赋值给变量 z，则输入结束后，x='r', y='e', z='d'。

② 当输入 r␣e␣d 时，系统将字符 r 赋值给变量 x，第一个空格赋值给变量 y，字符 e 赋

值给变量 z，则输入结束后，x='r', y='␣', z='e'。

由于%c 支持所有的输入字符，非常容易引起输入错误，因此在调用 scanf( )函数时，一定要合理设计格式控制字符串。

【例 5.7】输入 6 位字符密码，选择一种方法对其加密，输出新密码。

分析：定义 6 个字符型变量，调用 scanf( )函数对它们赋值。设计加密算法，修改每个字符变量的值，输出新的密码。

编写程序如下：

```
#include<stdio.h>
int main()
{
    char a,b,c,d,e,f;
    printf("请输入原密码 (6位) : \n ");
    scanf("%c%c%c%c%c%c", &a,&b,&c,&d,&e,&f);
    a=a+10;
    b=b+9;
    c=c+8;                                  // 定义加密算法
    d=d+7;
    e=e+6;
    f=f+5;
    printf("加密后的新密码为: \n");
    printf("%c%c%c%c%c%c\n",a,b,c,d,e,f);
    return 0;
}
```

当输入 ABCDEF 时，程序运行结果如下：

```
请输入原密码（6 位）：
ABCDEF↙
加密后的新密码为:
KKKKKK
```

说明：在定义加密算法时，字符型变量与整数相加等于其 ASCII 码值与整数相加，得到的和可以理解为一个新字符的 ASCII 码值，然后将这个新字符赋值给左侧的字符变量。

例如，当字符变量 a 的值为'A'（ASCII 码值为 65）时，执行 a=a+10;，将 75 赋值给变量 a，即将 ASCII 码值为 75 的字符'K'赋值给变量 a，也就是 a='K'。

5.2 字符数据的输入与输出

在 C 语言中，除了 printf( )函数和 scanf( )函数可以用来输出和输入字符外，还有一些专门用于输出和输入字符的库函数。

5.2.1 字符输出函数 putchar( )

当程序需要向屏幕输出一个字符时，可以调用系统库函数 putchar( )。

其调用的一般形式如下：

```
putchar(ch);
```

putchar( )函数为有参函数，参数 ch 可以是常量、变量或者表达式。ch 的类型为字符型或者整型数据。当 ch 为整型数据时，putchar( )函数输出的是 ASCII 码值为 ch 的字符。

【例 5.8】调用 putchar( )函数，输出 YES 并换行。

分析：为 3 个字符型变量赋值，调用 putchar( )函数逐一输出，再输出字符'\n'换行。

编写程序如下：

```
#include<stdio.h>
int main()
{
    char a,b,c;
    a='Y';
    b='E';
    c='S';
    putchar(a);
    putchar(b);
    putchar(c);
    putchar('\n');
    return 0;
}
```

程序运行结果如下：

```
YES
```

【例 5.9】分析如下程序的运行结果。

```
#include<stdio.h>
int main()
{
    char a=89;                          // 字符‘Y’的ASCII码值为89
    int b=69;
    putchar(a);
    putchar(b);                         // 字符‘E’的ASCII码值为69
    putchar('\123');                    // 字符‘S’的ASCII码值为83
    putchar('\xa');                     // 换行字符的ASCII码值为10
    return 0;
}
```

说明：字符变量 a 初始化为 ASCII 码值为 89 的字符'Y'；整型变量 b 初始化为 69，当以字符形式输出时，为字符'E'；转义字符'\123'（“\”后为八进制数）对应的十进制数为83，输出字符'S'；转义字符'\xa'（“\”后为十六进制数）对应的十进制数为10，输出换行字符。因此，程序最终运行结果如下：

```
YES
```

可以看到，本例和例5.8的程序输出结果完全相同。

5.2.2 字符输入函数 getchar( )

当程序需要从终端输入一个字符时，可以调用系统库函数 getchar( )。

其调用的一般形式如下：

```
getchar();
```

getchar( )函数为无参函数，接收从键盘读取的一个字符，一般用来给字符型变量赋值。

【例5.10】 从键盘输入一个小写字母，输出其对应的大写字母。

分析：字母在内存中以ASCII码存储，且小写字母的ASCII码比其对应的大写字母大32，所以，将小写字母减去32即为对应的大写字母。程序可调用 getchar( )函数输入一个小写字母，再通过 putchar( )函数输出它的大写字母。

编写程序如下：

```
#include<stdio.h>
int main()
{
    char a, b;
    printf("请输入小写字母并回车：\n");
    a=getchar();                    // 将输入的小写字母赋值给变量a
    b=a-32;                         // 将变量a转为大写字母赋值给变量b
    printf("%c的大写字母是：\n", a);
    putchar(b);                     //输出变量b
    putchar('\n');
    return 0;
}
```

程序运行结果如下：

```
请输入小写字母并回车：
d↙
d的大写字母是：
D
```

说明：

1）不论是 putchar( )函数，还是 getchar( )函数，它们的定义和说明都包含在 stdio.h 头文件中，因此，为了能正确调用这两个函数，需要在文件开头加上预处理命令 #include<stdio.h>。

2）若程序中有多个 getchar( )函数，从键盘输入数据时，并不是输入一个字符就立即进行赋值，而是允许继续输入，只有当按了回车键以后，才将输入的字符送入内存，然后按先后顺序分别赋值给相应的变量。

【例 5.11】问卷小调查。

编写程序如下：

```
#include<stdio.h>
int main()
{
    char a,b,c;
    printf("问卷小调查：\n");
    printf("1.你觉得C语言难吗？(y/n)\n");
    printf("2.你喜欢C语言吗？(y/n)\n");
    printf("3.你有信心学好C语言吗？(y/n)\n");
    printf("回答：\n");
    printf("1. ");
    a=getchar();                //将输入的字符赋值给变量a
    getchar();                  //接收换行符
    printf("2. ");
    b=getchar();
    getchar();
    printf("3. ");
    c=getchar();
    printf("\n我的答案：\n");
    printf("1. %c    2. %c    3. %c\n", a,b,c);
    return 0;
}
```

程序运行结果如下：

```
问卷小调查：
1.你觉得 C 语言难吗？(y/n)
2.你喜欢 C 语言吗？(y/n)
3.你有信心学好 C 语言吗？(y/n)
回答：
1. n↙
2. y↙
3. y↙
我的答案：
1. n    2. y    3. y
```

说明：getchar( )函数可以将接收的值赋给一个字符变量，也可以不赋给任何变量。当不赋值时，getchar( )函数的调用可以作为程序运行时的停顿，等待输入一个按键再继续程序的运行，也可以在输入数据时接收间隔符。

例如，在本例中，输入'n'为变量 a 赋值后，输入结束，此时会按回车键，由于下面还有 getchar( )函数，因此换行符会被下一个 getchar( )函数接收；如果缺少紧跟着的不赋值的 getchar( )函数，则换行符会被之后的 getchar( )函数接收并赋值给变量 b，即变量 b 的值为换行符，显然造成了输入错误。因此，为了能够正确输入并为变量赋值，需要在 a=getchar( );语句之后加上不赋值的 getchar( );语句，让 getchar( )函数接收换行符，以便后面输入的数据能够被下一个 getchar( )函数正确接收。

同理，在 b=getchar( );语句之后加上不赋值的 getchar( );语句，也是为了让 getchar( )函数接收第二个输入数据后的结束换行符。

有兴趣的读者可以自行将程序中不赋值的 getchar( );语句删除，运行程序，看看程序有何不同。

本章小结

本章介绍了数据的输入与输出，包括标准输入与输出函数和字符输入与输出函数。通过本章的学习，应该掌握 C 语言中简单变量的输入与输出方法，具备灵活处理输入与输出问题的能力。

习　题

1. 编写程序，从键盘输入任意包含 5 个字符的字符串，将其编译成密码。译码规则如下：用原字符后面的第 7 个字符代替原字符。提示：可以定义 5 个字符变量，存放输入的 5 个字符，按照译码规则，重新为这 5 个变量赋值，最后输出译码结果。

2. 编写商品销售计价程序，从键盘输入某商品的销售单价和销售数量，统计销售额。

3. 在新发现的 6 座三星堆文化“祭祀坑”中，现已出土金面具残片、鸟形金饰片、金箔、眼部有彩绘铜头像、巨青铜面具、青铜神树、象牙、精美牙雕残件、玉琮、玉石器等重要文物 500 余件。在此次出土的文物中，半张神秘黄金面具颇为引人注目。这半张黄金面具的宽度约 23 cm，高度约 28 cm，与之前三星堆出土的青铜面具神似。不同的是，此前三星堆金面具的眉毛都是镂空的，但是此面具有眉骨，是突出来的。经检测，其含金量约为 85%，含银量为 13%～14%，还有其他物质。这件黄金面具非常厚，不需要任何支撑，就可独自立起来。这半张黄金面具质量约为 280 g，预计完整的总质量应该超过 500 g，这比目前国内出土的商代最重的金器——三星堆金杖（重 463 g）还要重。如果能够发现另外一半，这件黄金面具将超过金杖，成为目前国内考古发现的同时期最重的金器。请编写程序，计算这半张黄金面具的含金克数。

第 6 章　选择结构设计

在进行程序设计过程中，有时候需要实现：当满足设定条件时，执行 A，否则执行 B。这时，就要用选择结构。C 语言为实现选择结构提供了两种语句：if 语句和 switch 语句。本章主要讨论这两种语句的用法，以及常见的几种分支结构。

6.1　关系表达式和逻辑表达式

日常生活中我们经常会遇到一些真假判断。例如，“张三比李四高”“武汉到北京比广州到北京近”“9 大于 5”，这些问题的答案是真或假。在 C 语言程序设计中经常需要比较两个量的大小关系，以决定程序下一步的工作。这就需要用到关系运算符和关系表达式。如果遇到多个条件判断的情况，如“我爱中国，并且我爱中国共产党”，就要使用逻辑运算符和逻辑表达式。

6.1.1　关系运算符

比较两个量大小的运算是关系运算，比较的结果为逻辑值“真”（T）或“假”（F）。C 语言中，“真”和“假”是通过数值来体现的，将“真”解释为非 0 数，表示为 1；将“假”解释为 0，表示为 0。

C 语言提供了 6 个关系运算符，如表 6-1 所示。

表 6-1　C 语言中的关系运算符

运算符	含义	优先级	结合方向
<	小于	高	自左向右
>	大于		
<=	小于等于		
>=	大于等于		
==	等于	低	
!=	不等于		

6.1.2　关系表达式

关系表达式的一般形式如下：

```
表达式 1 关系运算符 表达式 2
```

注意：关系运算符在使用时，它的两边都会有一个关系表达式，如变量、数值、加减乘除运算等，关系运算符的作用就是判明这两个表达式的大小关系。要比较的两个表达式既可以是整型、浮点型，也可以是字符型。整型、浮点型数据比较的是数值大小，字符型比较的是其 ASCII 码值的大小。需要注意的是，在 C 语言中用关系运算符直接比较两个常量字符串时，比较的不是字符串内容的大小，而是两个字符串在内存中存储地址的大小。

对于浮点型（如double型和float型）来说，由于存储形式特殊，小数部分多采用近似结果，因此，不推荐使用==和!=来进行关系运算。

【例6.1】设x=4, y=2, z=1，编程输出下列关系表达式的值。

1）x!=0　　2）z>x+y　　3）'x'+1<100　　4）x<z<y

编写程序如下：

```
#include<stdio.h>
int main()
{
    int x=4,y=2,z=1;
    printf("x!=0的值为%d\n",x!=0);
    printf("z>x+y的值为%d\n",z>x+y);
    printf("'x'+1<100的值为%d\n",'x'+1<100);
    printf("x<z<y的值为%d\n",x<z<y);
    return 0;
}
```

程序运行结果如下：

```
x!=0 的值为 1
z>x+y 的值为 0
'x'+1<100 的值为 0
x<z<y 的值为 1
```

说明：

1）因为x的值为4，得到4!=0，该不等式显然成立，所以x!=0的值为1。

2）关系运算符比算术运算符的优先级低，应先计算x+y的值再与z比较，得到1>6，该不等式显然不成立，所以z>x+y的值为0。

3）'x'是字符型常量，它的ASCII码值是120，而不等式120+1<100显然不成立，所以'x'+1<100的值为0。

4）按照自左向右的结合方向，先计算x<z的值，结果为0；再计算0<y的值，结果为1，所以x<z<y的值为1。

6.1.3 逻辑运算符

物理学电路理论中学过开关的概念，图6-1所示的3幅图分别对应着C语言中提供的3个逻辑运算符：“与”（&&）、“或”（||）和“非”（!）。逻辑“与”（&&）运算符和逻辑“或”（||）运算符都是双目运算符，结合性为从左向右；而逻辑“非”（!）运算符为单目运算符，结合性为从右向左。

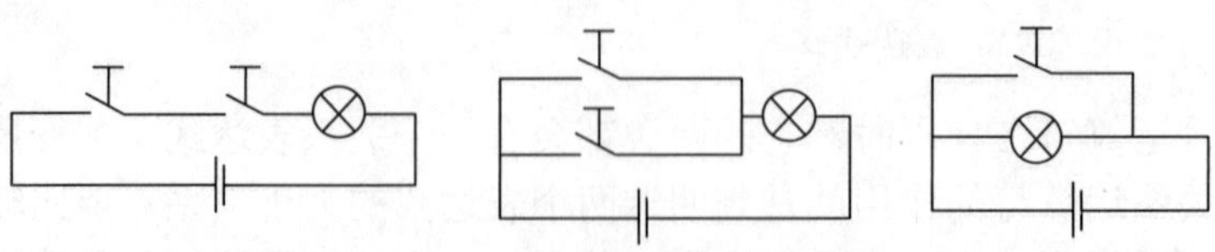

（a）与　　（b）或　　（c）非

图6-1 电路图体现出的“与”、“或”、“非”关系

逻辑表达式的运算结果只能是真或假，即非 0 与 0。归纳逻辑运算的规律，得到逻辑运算真值表，如表 6-2 所示。

表 6-2　逻辑运算真值表

输入		输出			
x	y	!x	!y	x&&y	x||y
0	0	1	1	0	0
0	1	1	0	0	1
1	0	0	1	0	1
1	1	0	0	1	1

逻辑运算符的优先级从高到低的次序为：!（非）>&&（与）>||（或）。

6.1.4　逻辑表达式

“表达式 1 &&表达式 2”表示只有当两个表达式都为非 0（真）时，运算结果为 1（真），否则为 0（假）。正如图 6-1（a）所示，要让灯泡发光，两个开关必须同时按下，只要有一个开关没有按下，灯泡都不发光。

“表达式 1||表达式 2”表示只要两个表达式中有一个为非 0(真)，运算结果即为 1(真)；只有当两个表达式都为 0（假）时，运算结果才为 0（假）。正如图 6-1（b）所示，要让灯泡发光，只要按下其中一个开关即可。

“！表达式”为取反操作。当表达式为真时，返回结果为假；当表达式为假时，返回结果为真，即起到真假颠倒的作用。

【例 6.2】编程输出下列逻辑表达式的值。

1）9&&0||4；2）!5||3&&4。

编写程序如下：

```
#include<stdio.h>
int main()
{
    printf("9&&0||4的值为%d\n",9&&0||4);
    printf("!5||3&&4的值为%d\n",!5||3&&4);
    return 0;
}
```

程序运行结果如下：

```
9&&0||4 的值为 1
!5||3&&4 的值为 1
```

说明：

1）9&&0||4 相当于(9&&0)||4，9&&0 值为 0，再计算 0||4，结果为 1。

2）!5||3&&4 相当于(!5)||(3&&4)，!5 值为 0，3&&4 值为 1，再计算 0||1，结果为 1。

在进行逻辑运算过程中，有种“短路”现象。当有多个表达式且左边的表达式值可以确定结果时，就不再继续运算右边的表达式的值。关于含有&&和||表达式的运算规则如下：

如果在进行前面表达式的运算过程中，通过判断已经明确地知道整个表达式的结果，那么就不会进行后面表达式的运算判断。

例如，表达式1||表达式2||表达式3||…||表达式n，如果表达式1的运算结果为1，则整个表达式的结果为1，同时不会再对后面的表达式2、表达式3到表达式n进行运算判断。如果表达式1的运算结果为0，则根据表达式2的运算结果继续判断。

表达式1&& 表达式2&& 表达式3&&…&& 表达式n，如果表达式1的运算结果为0，则整个表达式的结果为0，同时不会再对后面的表达式2、表达式3到表达式n进行运算判断。

由于短路运算后面的表达式不会被运算到，因此处理器节省了运算时间。

【例6.3】设a=−1,b=2,c=−3，输出下列关系表达式的值以及运算后的a、b、c的值。

1）(a+1>0)&&(++b)&&(c−−)>0;

2）(a+1>0)||(++b)||(c−−)>0。

编写程序如下：

```
#include<stdio.h>
int main()
{
    int a = -1, b = 2, c = -3;
    printf("关系表达式1的值为%d,a=%d,b=%d,c=%d\n",
        (a + 1 > 0) && (++b) && (c--) > 0, a, b, c);
    printf("关系表达式2的值为%d,a=%d,b=%d,c=%d\n",
        (a + 1 > 0) || (++b) || (c--) > 0, a, b, c);
    return 0;
}
```

程序运行结果如下：

```
关系表达式1的值为0,a=-1,b=2,c=-3
关系表达式2的值为1,a=-1,b=3,c=-3
```

说明：

1）由于表达式(a+1>0)为0，根据&&的短路运算，整体表达式结果为0，同时表达式(++b>0)、表达式(c−−)>0不会进行运算，最终运算后a=−1，b=2，c=−3。

2）由于表达式(a+1>0)为0，继续计算表达式(++b>0)，++b结果为3，而3是非0数，表达式显然成立，所以第二个表达式结果为1。根据||的短路运算，整体表达式结果为1，同时表达式(c−−)>0不会进行运算，最终运算后a=−1，b=3，c=−3。

这里说明一点，C语言运算符的优先级顺序从高到低依次为：圆括号>单目运算符>算术运算符>关系运算符>逻辑运算符>三目运算符>赋值运算符>逗号运算符。

6.2 if语句

if语句允许程序通过条件表达式的值从两种选项中选择一种。if语句的基本格式如下：

```
if(表达式)
{
    语句块 S;
}
```

6.2.1　单分支语句

条件表达式可以是简单的逻辑语句（逻辑表达式或关系表达式），可以是多个逻辑语句的“与”“或”“非”组合，也可以是一般表达式，甚至可以是一个变量或常量。执行到 if 结构时，首先计算该表达式的值，当条件表达式的值不为 0 时，语句块 S 被执行；否则，跳过语句块 S 执行后续语句。

【例 6.4】 用 if 语句求两个整数中的最大值。

分析：首先需要输入两个整数 a、b；再设置一个用于存储最大值的变量 max，其初值设为 a；用 if 语句判别 max 和 b 的大小，如 max 小于 b，则把 b 赋予 max。因此 max 中总是大数，最后输出 max 的值。

编写程序如下：

```
#include<stdio.h>
int main()
{
    int a, b, max;
    printf("please input two numbers: ");   //提示性输出语句
    scanf("%d%d", &a, &b);                  //分别输入a和b的值
    max = a;                                //将max初始化为a
    if (max < b)
        max = b;
    printf("max=%d\n", max);
    return 0;
}
```

程序运行结果如下：

```
please input two numbers:23 45↙
max=45
```

6.2.2　双分支语句

if-else 语句用于双分支语句，它的标准形式如下：

```
if (表达式 )
    {语句块 1}
else
    {语句块 2}
```

当程序流程执行到 if-else 结构时，首先计算关键字 if 后表达式的值，如果表达式的值

为 True（不为 0），则语句块 1 被执行；否则，else 关键字后的语句块 2 被执行。该结构的简单流程图如图 6-2 所示。

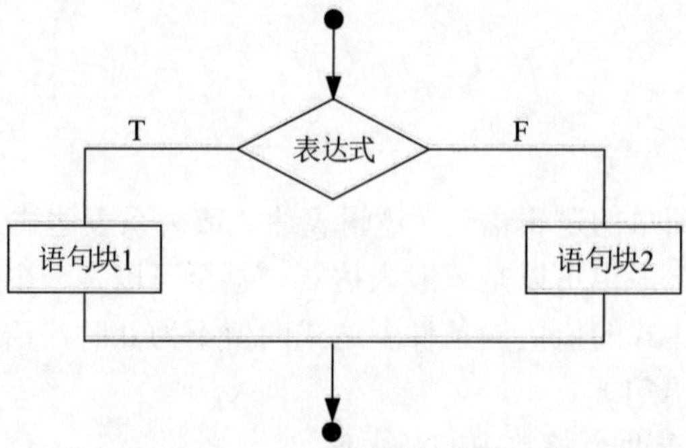

图 6-2　双分支选择结构流程图

【例 6.5】用 if-else 语句求两个整数中的最大值。

分析：首先需要输入两个整数 a、b。若 a 大，则输出 a，否则输出 b。

编写程序如下：

```
#include<stdio.h>
int main()
{
    int a, b;
    printf("input two numbers: ");
    scanf("%d%d", &a, &b);
    if (a > b)
        printf("max=%d\n", a);
    else
        printf("max=%d\n", b);
    return 0;
}
```

程序运行结果如下：

```
please input two numbers:23 45↙
max=45
```

6.2.3 多分支语句

前面章节讲过了“2 选 1”，那如果出现“3 选 1”，甚至是“N 选 1”怎么办？这时可使用多分支语句和分支语句嵌套。此外，C 语言还提供了开关语句 switch，这是一种特殊的选择分支结构，后面章节讨论 switch 的用法。

多分支 if 语句可看作对 if-else 语句的一种补充，可用它对多个条件进行判断，并在条件成立时立即执行相应的语句。多分支 if 语句的基本格式如下：

```
if (表达式 1)        {语句块 1}
```

```
else if (表达式 2)  {语句块 2}
else if (表达式 3)   {语句块 3}
…
else if (表达式 m)   {语句块 m}
else                 {语句块 m+1}
```

当程序执行到上述多分支 if 语句时，首先计算表达式 1 的值，如果其值为真，则执行语句块 1，并跳过后续所有 m 个语句块（即跳出整个 if 多分支语句）；如果其值为假，则不执行语句块 1，接着计算表达式 2 的值，如果其值为真，执行语句块 2，跳出整个 if 多分支语句结构，如果其值为假，不执行语句块 2，接着计算表达式 3 的值，以此类推。如果所有的表达式都为假，则执行语句块 m+1。最后一个 else 结构可省略，此时代表“如果所有的表达式都为假，则什么都不执行”。多分支 if 语句结构的执行过程如图 6-3 所示。

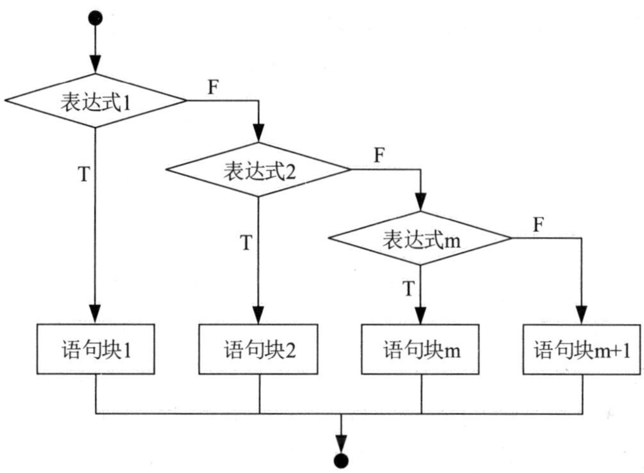

图 6-3　多分支 if 语句结构执行过程图

【例 6.6】 编写一个程序，根据学生的得分判定其类别：少于 60 分判为 D（不及格），60～74 分判为 C（一般），75～89 分判为 B（良好），大于等于 90 分判为 A（优秀）。

编写程序如下：

```
#include <stdio.h>
int main()
{
    int mark = 0;
    printf("请输入学生成绩:");
    scanf("%d", &mark);                    //输入学生的成绩
    if (mark >= 90)
        printf("A");
    else if (mark >= 75 && mark < 90)
        printf("B");
    else if (mark >= 60 && mark < 75)
        printf("C");
```

```
        else if (mark < 60)
            printf("D");
        return 0;
    }
```

程序运行结果如下：

```
请输入学生成绩:85↙
B
```

在使用 if 语句时还应注意以下问题。

1）在 3 种形式的 if 语句中，在 if 关键字之后均为表达式。该表达式通常是逻辑表达式或关系表达式，但也可以是其他表达式，如赋值表达式等，甚至也可以是一个变量。例如 if(a=5)语句、if(b)语句，这些都是允许的。只要表达式的值为非 0，即为“真”。例如，在 if(a=5)中表达式的值永远为非 0，则其后的语句总是要执行的。当然这种情况在程序中不一定会出现，但是在语法上是合理的。又如以下程序段：

```
if(a=b)
    printf("%d",a);
else
    printf("a=0");
```

本语句的语义是把 b 值赋给 a，若为非 0 则输出该值，否则输出 a=0 字符串。这种用法在程序中是经常出现的。

2）在 if 语句中，条件判断表达式必须用括号括起来，在语句之后必须加分号。

3）在 if 语句的 3 种形式中，所有的语句应为单个语句，如果要在满足条件时执行一组（多个）语句，则必须把这一组语句用{}括起来组成一个复合语句。但要注意的是，在}之后不能再加分号。例如：

```
if(a>b) {a++;b++;}
else    {a=0;b=10;}
```

6.2.4 分支语句嵌套

当 if（或 if-else）结构中的执行语句又是 if（或 if-else）结构时，称为分支语句嵌套。分支语句嵌套的样式有多种，本小节以如下形式的语句来说明。

```
if (表达式 1)
{
    if (表达式 2) {语句块 1}
    else       {语句块 2}
}
```

上述代码是在 if 结构内嵌套了 if-else 结构。首先计算表达式 1 的值，如果其值为假(0)，直接跳出该结构，语句块 1 和语句块 2 都不会被执行；如果其值为真（非 0），则执行内部的 if-else 结构，计算表达式 2 的值，如果表达式 2 的值为真，执行语句块 1，否则，执行语句块 2。

可以看出，分支结构嵌套的执行流程实际上是个“脱壳”的过程，一层层地做出选择。有的读者可能会对上面的示例有所疑惑，两个 if 和一个 else，它们的搭配关系是怎样的？C 标准规定：else 语句总是与它前面最近的 if 配对。

【例 6.7】求 3 个整数的最小值。

分析：设 3 个整数分别存放在变量 x、y、z 中。首先 x 和 y 比较，求出较小者并和 z 比较。算法分析流程如图 6-4 所示。

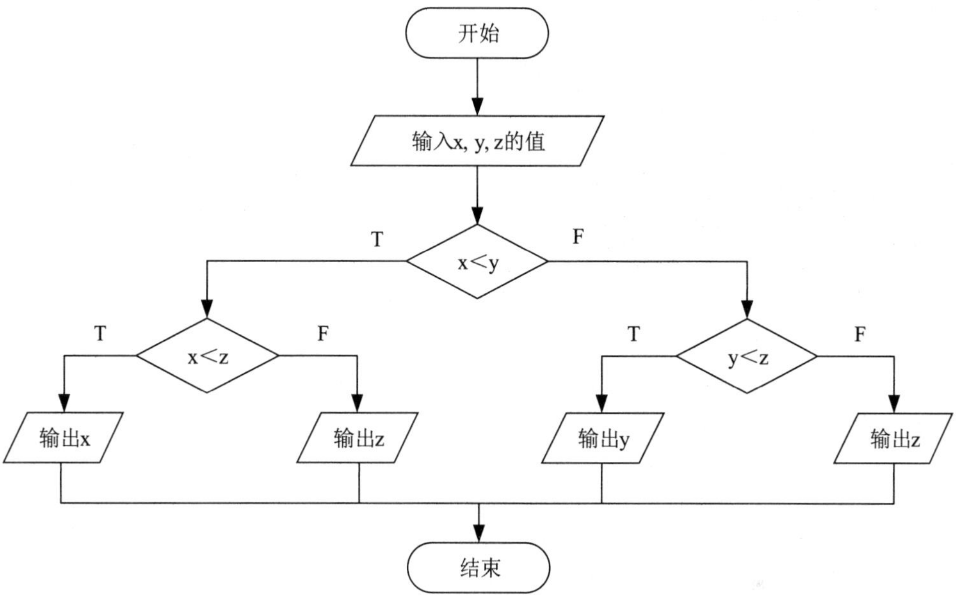

图 6-4　例 6.7 的算法分析流程图

编写程序如下：

```
#include<stdio.h>
int main()
{
    int x, y, z;
    printf("请输入3个整数: \n ");
    scanf("%d%d%d", &x, &y, &z);        //输入3个整数x,y,z
    if (x < y) {  //此时x<y, 下一步需要对x和z做比较求最小值
        if (x < z)
            printf("最小值为: %d\n", x);
        else
            printf("最小值为: %d\n", z);
    } else {      //此时x>=y, 下一步需要对y和z做比较求最小值
        if (y < z)
            printf("最小值为: %d\n", y);
        else
```

```
                printf("最小值为: %d\n", z);
        }
        return 0;
    }
```

程序运行结果如下：

```
请输入 3 个整数:
5 4 3↙
最小值为: 3
```

if语句允许嵌套，但嵌套的层数不宜太多。在实际编程时，应适当控制嵌套层数（2～3层）。语句块1和语句块2可以只包含一个简单语句，也可以是复合语句。一定要注意，不管是简单语句，还是复合语句中的各个语句，每个语句后面的分号必不可少。同时，为了程序结构清晰，尽量采用缩进的格式书写程序。

6.2.5 条件运算符和条件表达式

如果在条件语句中，只执行单个的赋值语句，则可使用条件表达式来实现。这样不但使程序简洁，也提高了运行效率。

条件运算符为“?”和“:”，它是一个三目运算符，即有3个参与运算的量。由条件运算符组成条件表达式的一般形式如下：

```
表达式1? 表达式2:表达式3
```

其求值规则如下：如果表达式1的值为真，则以表达式2的值作为条件表达式的值，否则以表达式3的值作为整个条件表达式的值。条件表达式通常用于赋值语句中。

例如，如下条件语句：

```
if(a>b) max=a;
else  max=b;
```

可用条件表达式写为

```
max=(a>b)?a:b;
```

执行该语句的语义如下：若a>b为真，则把a赋予max，否则把b赋予max。使用条件表达式时，还应注意以下几点。

1）条件运算符的运算优先级低于关系运算符和算术运算符，但高于赋值运算符。因此，“max=(a>b)?a:b”可以去掉括号而写为“max=a>b?a:b”。

2）条件运算符“?”和“:”是一对运算符，不能分开单独使用。

3）条件运算符的结合方向是自右至左。例如，“a>b?a:c>d?c:d”应理解为“a>b?a:(c>d?c:d)”。这也是条件表达式嵌套的情形，即其中的表达式3又是一个条件表达式。

【例6.8】 通过条件表达式求两个整数中最大的数。

编写程序如下：

```
#include<stdio.h>
```

```
int  main()
{
    int a, b;
    printf("please input two numbers: ");
    scanf("%d%d", &a, &b);
    printf("max=%d", a > b ? a : b);
    return 0;
}
```

程序运行结果如下：

```
please input two numbers:5 8↙
max=8
```

6.3 switch 结构

用多分支 if 结构和 if 结构嵌套都可实现“多选 1”，但带来的负面影响是程序的可读性差。大量的 if 和 if-else 语句混在一起，会让人眼花缭乱，且要有一定的耐心去“脱壳”。实际上，C 语言还提供了另一种更简洁的多分支结构，即 switch 结构。

switch 语句结构的一般形式如下：

```
switch(表达式){
          case 常量1:语句块1;break;
          case 常量2:语句块2;break;
          …
          case 常量m:语句块m;break;
          default:  语句块m+1;
}
```

语句执行时，首先对 switch 后的表达式进行计算，将计算的结果逐个与 case 后的常量表达式进行比较，当表达式的值与某个常量表达式的值相等时，即执行该 case 后对应的语句块，再由 break 语句跳出整个 switch 结构；如果表达式的值与所有 case 后的常量均不相等，则执行 default 后的语句。

【例 6.9】由用户输入一个 1 到 7 之间的数字，程序自动输出对应星期几的英文形式。例如，输入 1，程序输出 Monday。如果用户输入的数字不在 1 到 7 之间，则提示出错。

编写程序如下：

```
#include <stdio.h>
int main()
{
    int index = 0;
    printf("请输入一个1到7之间的整数:\n");
    scanf("%d", &index);
    switch (index) {
```

```
            case 1: printf("Monday\n"); break;
            case 2: printf("Tuesday\n"); break;
            case 3: printf("Wednesday\n"); break;
            case 4: printf("Thursday\n"); break;
            case 5: printf("Friday\n"); break;
            case 6: printf("Saturday\n"); break;
            case 7: printf("Sunday\n"); break;
            default:printf("请检查输入是否正确\n");
        }
        return 0;
    }
```

程序运行结果如下：

```
请输入一个1到7之间的整数:
3↙
Wednesday
```

上面程序中，读者可以改变 case 语句的先后顺序，程序的执行结构不会受到影响。与 if 结构中的“块语句”概念不同，case 后如果要执行多条语句，可以不用花括号括起来。但在 switch 结构中应特别注意 break 语句的用法。请读者思考：将上述程序中的所有 break 语句都删除或注释，编译运行，看看输出结果是什么。

把上述程序的 break 都删除或注释后，编译链接并不会出错，只是执行时结果不太一样。如果用户输入 3，程序的原意是输出 Wednesday，可实际的输出结果如下：

```
请输入一个1到7之间的整数:
3↙
Wednesday
Thursday
Friday
Saturday
Sunday
请检查输入是否正确
```

这就是说，如果不使用 break 语句，那么从与表达式的值匹配的那个 case 语句开始，后面的所有语句块都会被执行。每个 case 语句相当于入口、开关或者说是进入的钥匙，所以 break 语句又叫作开关语句。

当所有 case 常量表达式与 switch 后表达式的值都不匹配时，default 语句被执行。但实际上，default 语句也不是必须的，当省略 default 语句时，表示缺省情况下什么也不做。某些编译器可能会对 default 语句的缺省给出警告，从防错意义上说，即使什么也不做，最好也把 default 语句写上。可采用如下形式：

```
default:
```

default 语句一般放在 switch 结构的最后。default 语句和各个 case 语句的顺序可互换而不影响结果。当 default 语句不在 switch 结构的最后时，不要忘记使用 break 语句。

switch 结构只进行相等与否的判断，而 if-else 结构还可以进行大于、小于等范围上的判断。此外，switch 无法处理浮点数，只能进行整数的判断，而且，case 标签值必须是常量，如果涉及浮点数和变量的判断，则应当使用 if-else 结构。从可读性和程序效率多方面综合考虑，适当搭配两种结构，方能写出高质量的代码。

本章小结

本章系统讲解了关系运算和逻辑运算的基本规则，if 语句、if-else 语句和 switch 语句的基本语法以及分析和解决选择类问题的一般方法。通过本章的学习，应该能够建立起计算机求解选择问题的思维方式，提高算法设计和程序设计能力。

习　题

1. 编程判断一个整数是奇数还是偶数。

2. 编程实现如下功能。

   输入一个实数，屏幕显示如下菜单：

   a. 输出相反数

   b. 输出平方数

   c. 输出立方数

   若按 a 键，则输出该数的相反数；若按 b 键，则输出该数的平方数；若按 c 键，则输出该数的立方数。按其他键时，显示“输入出错”。

3. 编程实现：判断某一年是否为闰年。

4. 编程实现：输入 3 个实数，按从大到小的顺序输出这 3 个数。

5. 编程实现：从键盘输入+、−、*、/运算符号，分别实现两个实数的加、减、乘、除运算。

6. 编程实现一个分段函数：

$$y=f(x)\begin{cases}-x, & x<0\\ x, & 0\leqslant x<10\\ 2x-1, & x\geqslant 10\end{cases}$$

已知 x 的值，求 y 的值。

7. 编程实现：输入 3 个实数，分别表示立方体的长、宽、高。请判断该立方体是正方体还是长方体。

8. 已知圆的方程是 $x^2+y^2=50$，编程判断平面上任意一点是在所给圆上、圆内还是圆外。

9. 编程实现：判断一个正整数是几位数（输入的数最多不超过 4 位）。

10. 编写程序，实现用户输入 24 小时制的时间，最终输出格式为 12 小时制。

第 7 章　循环结构设计

第 6 章主要介绍了选择结构的相关内容，本章主要介绍循环结构设计。循环控制结构是指重复执行同一系列命令的结构。C 语言提供了 while 语句、do-while 语句和 for 语句，while 循环在循环体执行之前测试控制表达式；do-while 循环在循环体执行之后测试控制表达式；for 语句适合循环次数已知的操作。

嵌套结构是一个循环里面包括另外一个循环的结构。break 语句用于停止结构体内程序执行，跳出结构体。continue 语句跳出当前过程，继续执行后续操作。goto 语句使程序执行的顺序无条件地改变。

7.1　循环控制结构

首先，回顾第 6 章习题 3 的内容，即要求任意输入一个年号（如 2021），判断是不是闰年。每次运行程序只能判断一个年号，如果要判断多个年号，则程序需要反复运行多次。同样，在例 5.10 中，每次运行程序只能对一个字母进行大小写转换。从中可以看出，程序每次所要完成的功能是相同的，但是需要重复地执行这些相同的功能。有时候重复计算的次数是事先可以确定的，而有些重复计算的次数需要根据程序运行的中间结果来确定。为了解决这类重复计算的问题，引入循环控制结构。

循环控制结构也称重复结构，是计算机解题的一个重要特征。计算机运算速度快，适用重复性的工作。循环控制结构是结构化程序设计中的基本结构之一。

循环控制结构的特点是在给定的条件成立时，反复执行某段程序，直到条件不成立为止。

循环控制结构的两个要素包括循环的条件、重复执行的循环体。

C 语言提供了 3 种基本的循环语句结构：for 循环语句结构、while 循环语句结构和 do-while 循环语句结构。利用这 3 种基本循环结构可以方便地解决程序设计中的重复计算问题，无论重复计算次数是事先可确定的，还是不定的。

一般来讲，控制循环的方法有两种：计数法，即确定循环的次数；标志法，即达到某一目标后，循环结束，退出循环结构。

7.2　while 语句

while 循环语句结构的一般格式如下：

```
while (表达式)
{
```

```
    循环体;
}
```

图 7-1 所示为 while 循环结构流程图。

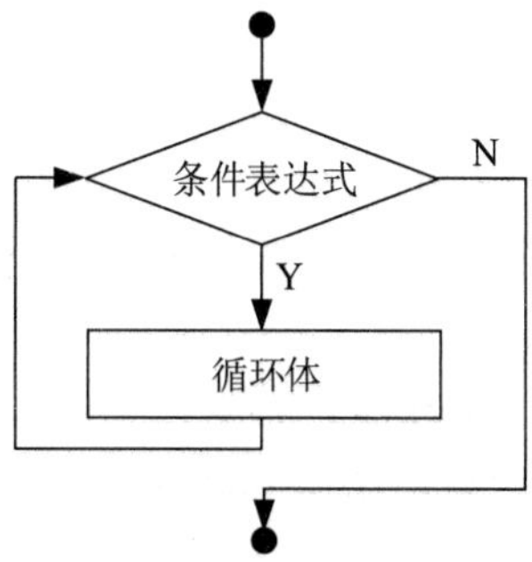

图 7-1　while 循环结构流程图

while 循环控制结构程序执行过程如下。

1）计算条件表达式的值。

2）如果表达式的值为非 0，即为“真”，则执行步骤 4）。

3）如果表达式的值为 0，即为“假”，则执行步骤 6）。

4）执行循环体语句。

5）返回步骤 1）。

6）退出循环体，执行循环后的语句。

while 循环语句结构的特点：先判断条件，再执行循环体。循环体可以是空语句、单语句或复合语句。如果条件表达式只是用来表示等于零或不等于零的关系，条件表达式可以简化。例如，while(x!=0)等价于 while(x)。x 为 0 时，条件表达式为假，否则为真。while(x==0)等价于 while(!x)，意义同上。

【例 7.1】求 1+2+⋯+100 的和。

分析：等差数列求和，可以采用循环累加的方法计算。①声明两个整型变量 i 和 sum，变量 i 为第 i 项的值，sum 为前 i 项之和。初始化 i=1; sum=0。②i 作循环变量，每次循环加 1。当 i 的值小于等于 100 时，执行循环体语句 sum=sum+i; i=i+1。否则，循环结束，输出结果。

编写程序如下：

```
#include <stdio.h>
int main()
{
    int i, sum;                          //声明变量i, sum
    i=1;                                 //初始化变量i=1, 循环变量为1
    sum=0;                               //初始化变量sum=0, 和为0
    while (i<=100) {                     //当i<=100成立, 则执行循环体
        sum=sum+i;                       //累加求和
        i++;                             //循环变量增1
```

```
    }
    printf("sum=%d\n", sum);              //输出sum的值5050
    return 0;
}
```

程序运行结果如下：

```
sum = 5050
```

【例 7.2】输入 n 个正整型数，输出其中的最大数和最小数。

分析：

1）声明变量 max、min 和 i，分别用于存放最大数、最小数和输入的数。

2）输入第一个数 i，并用这个数初始化 max 和 min，max=min=i，即认为最大数和最小数相等。

3）当 i>=0 时，执行步骤 4)；否则，执行步骤 5)。

4）输入下一个数，并与 max 和 min 的值比较。如果小于 min，则替换 min；如果大于 max，则替换 max。

5）输出最大数 max 和最小数 min。

编写程序如下：

```
#include <stdio.h>
int main()
{
    int max, min, i;                     //声明变量max, min, i
    printf("input i=:");
    scanf("%d", &i);                     //输入整型变量i的值
    max = min = i;              //初始化最大值max和最小值min为i的值
    while (i >= 0) {            //如果i>=0, 即为有效的正整数, 则执行循环体
        if (i > max)
            max = i;            //如果当前输入的i值大于max, 则max取i值
        if (i < min)
            min = i;            //如果当前输入的i值小于min值, 则min取i值
        printf("input i=:");
        scanf("%d", &i);                 //输入一个新数
    }
    printf("max=%d\n", max);             //输出最大值
    printf("min=%d\n", min);             //输出最小值
    return 0;
}
```

程序运行结果如下：

```
input i=:24↙
input i=:36↙
input i=:28↙
```

```
input i=:78↙
input i=:10↙
input i=:-1↙
max=78
min=10
```

【例 7.3】 输入两个正整型数，求它们的最大公约数（利用辗转相除的方法）。

分析：设两个数为 a、b。当 b 不等于 0 时，执行运算：c=a%b, a=b, b=c, 消除相同的因子，直到 a=0 时，b 即为所求的解。

例如，a=36, b=8，执行过程如下。

1）b=8，值不为 0，执行：c=a%b（c 值为 36%8，即 4），a=b（a 值为 8），b=c（b 值为 4）。

2）b=4，值不为 0，执行：c=a%b（c 值为 8%4），a=b（a 值为 4），b=c（b 值为 0）。

3）b 值为 0，循环结束，此时 a 值为 4，即为 36 和 8 的最大公约数。

编写程序如下：

```
#include <stdio.h>
int main()
{
     int a, b, c;                               //声明变量a, b, c
     printf("input a=:");
     scanf("%d", &a);                           //输入变量a的值
     printf("input b=:");
     scanf("%d", &b);                           //输入变量b的值
     while (b != 0) {                           //当b的值不等于0，执行循环体
          c = a % b;                            //a与b取余运算，结果赋给变量c
          a = b;                                //将b的值赋给变量a
          b = c;                                //将变量c的值（即a%b）赋给变量b
          printf("a=%d\tb=%d\n", a, b);         //输出当前变量a和b的值
     }
     printf("最大公约数为%d\n", a);               //输出最大公约数a的值
     return 0;
}
```

程序运行结果如下：

```
input a=:36↙
input b=:8↙
a=8  b=4
a=4  b=0
最大公约数为 4
```

7.3 do-while 语句

do-while 循环语句结构的一般形式如下：

```
do{
   循环体;
}while (循环条件表达式);
```

图 7-2 所示为 do-while 循环结构流程图。

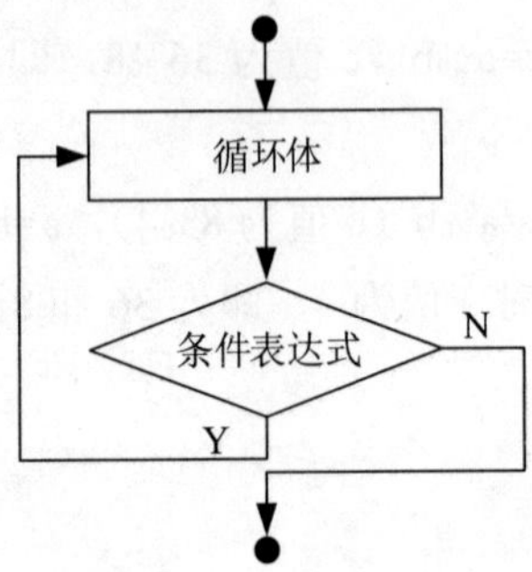

图 7-2 do-while 循环结构流程图

do-while 循环控制结构语句的执行过程如下。

1）执行循环体。

2）计算条件表达式的值。

3）如果表达式的值为非 0，即为“真”，则执行步骤 1）。

4）如果表达式的值为 0，即为“假”，则退出循环结构体，执行步骤 5）。

5）执行循环控制结构体后面的程序。

注意：

1）do 和 while 是 do-while 循环控制语句的关键字。

2）花括号“{”和“}”是必不可少的；循环条件表达式要用括号“(”和“)”括起来，且括号后的分号“;”不能省略。

3）do-while 与 while 循环控制语句结构的区别如下：do-while 循环控制语句先执行循环体，再判断循环条件，因而 do-while 语句的循环体至少要执行一次。

【例 7.4】用 do-while 循环控制结构语句求 1+2+⋯+n 的和。

分析：等差数列求和可以利用等差数列求和公式计算，在此采用循环累加的方法计算。

1）声明 3 个整型变量 i、n、sum。其中，变量 i 为第 i 项的值，sum 为前 i 项之和，n 为项数。

2）初始化 i=0（注意：前面示例中初始化 i=1，而本例中 i=0; sum=0）。i 作循环变量，每次循环加 1。当 i 的值小于等于 n 时，执行步骤 3）；否则，执行步骤 4）。

3）sum=sum+i; i=i+1。

4）输出 sum。

编写程序如下：

```c
//do-while求1+2+…+n的和
#include <stdio.h>
int main()
{
    int i, sum, n;                          //声明变量i,sum,n
    i = 0;                                  //初始化循环变量i为0
    sum = 0;                                //初始化和变量sum为0
    printf("input n=:");
    scanf("%d", &n);                        //输入项数n
    do {
        sum = sum + i;                      //累计求和
        i++;                                //循环变量增1
    } while (i <= n);                       //如果成立，则继续循环；否则执行下一行
    printf("sum=%d\n", sum);                //输出sum的值
    return 0;
}
```

程序运行结果如下：

```
input n=:100↙
sum=5050
```

7.4　for 语句

for 循环结构是 C 语言中使用灵活的循环语句，无论循环次数是已知还是未知，都可以使用 for 循环语句。

for 循环语句的一般形式：

```
for (表达式 1;表达式 2;表达式 3)
{
   循环体;
}
```

for 语句执行的过程如下。

1）计算表达式 1 的值。

2）计算表达式 2 的值，若表达式 2 的值为非 0（真，条件成立），则执行 3）；否则，执行 5）。

3）执行循环体。

4）返回执行 2）。

5）结束 for 循环结构，执行 for 循环结构后面的语句。

说明：

1）在 for 语句中，表达式 1 通常是用来给循环变量赋初始值的，表达式 2 通常是用来

对循环条件进行判断的，表达式3通常是用来对循环变量进行修改的。因此，for语句也可以写成如下形式：

```
for(循环变量赋初值;循环条件;循环变量增值)
{
   循环体;
}
```

2）如果表达式2省略（但分号不能省略），则认为表达式2的值始终为“真”。在这种情况下，程序将陷入无限循环。例如，如下程序段：

```
int main()
{
    int i, s=0;
    for (i=0;;i++)        //表达式2省略，则为真，将不停地执行s+=i;
        s+=i;
    return 0;
}
```

3）3个表达式可以全部或部分省略，但需要在循环体内对循环条件进行设置，修改循环变量，以防止程序进入死循环。例如，如下程序段：

```
int main()
{
    int i, sum=0;
    i=1;
    for (; i<100;) {              //当i<100时，执行循环体
        sum+=i;
        i++;                      //循环变量增1，修改循环变量的值
    }
    return 0;
}
```

4）表达式1和表达式3可以是一个简单表达式，也可以是一个逗号表达式；它可以与循环变量有关，也可以与循环变量无关。例如，如下程序段：

```
int main()
{
    int i, sum;
    i=0;                                  //初始化循环变量i=0
    for (sum=0; i<=10; sum++) {
        sum+=i;
        i++;                              //循环变量加1
    }
    return 0;
}
```

【例 7.5】用 for 循环结构语句求 1+2+…+n 的和。

分析：累计求和方法的计算公式为 sum=sum+i。其中 i 为第 i 项的值。

1）设 i 为循环变量，每次循环增 1。

2）设 n 为求和的项数，屏幕输入。

3）设 sum 为前 i 项的和，即有 sum=sum+i；每次循环，累加 i 的值。

编写程序如下：

```
//for 循环结构语句求1+2+…+n的和
#include <stdio.h>
int main()
{
    int i,sum,n;              //声明循环变量i、项数和变量sum、项数变量n
    sum=0;                    //初始化项数和sum为0
    printf("input n=:");
    scanf("%d", &n);          //输入求和的项数n
    for (i=1;i<=n;i++)
    {//如果循环变量i的值小于项数n的值，执行循环体
        sum=sum+i;            //累加求和
    }
    printf("sum=%d\n", sum);//输出前n项的累计和
    return 0;
}
```

程序运行结果如下：

```
input n=:100↙
sum=5050
```

while（例 7.1）、do-while（例 7.4）和 for（例 7.5）3 种循环控制结构语句的区别如下。

1）3 种循环都可以对同一个问题进行处理，通常三者可以互换，如例 7.1、例 7.4 和例 7.5。

2）while 和 for 属于“当型”循环（即先判断循环条件，后执行），do-while 属于“直到型”循环（即先执行循环体，后判断循环条件）。

3）用 while 和 do-while 循环时，循环变量的初始化操作是在 while 和 do-while 语句之前完成的，对循环变量的修改是在循环体中完成的。而 for 语句通常是在表达式 1 中实现对循环变量的初始化，在表达式 3 中实现对循环变量的修改。

7.5　循 环 嵌 套

循环嵌套也称为多重循环，即在一个循环体内包含另一个循环语句，其一般形式如下：

```
循环结构语句1        //外循环
{
```

```
    循环结构语句 2   //内循环
}
```

说明：

1）内循环必须完整地嵌套在外循环内，两者不允许交叉。

【例 7.6】 输出 5 行，每行为 0 1 2 3 4 五个数。

编写程序如下：

```c
#include <stdio.h>
int main()
{
    int i, j;
    for (i=0;i<5;i++) {                     //外循环开始
        for (j=0;j<5;j++) {                 //内循环开始
            printf("\t%d", j);
        }                                   //内循环结束
        printf("\n");
    }                                       //外循环结束
    return 0;
}
```

可用 while 循环编写程序如下：

```c
#include <stdio.h>
int main()
{
    int i, j;                               //声明循环变量i和j
    i = 0;                                  //外循环变量i初始化: i=0
    while (i < 5) {                         //外循环开始
        j = 0;                              //内循环变量j初始化: j=0
        while (j < 5) {                     //内循环开始
            printf("\t%d", j);
            j++;                            //内循环变量j加1
        }                                   //内循环结束
        i++;                                //外循环变量i加1
        printf("\n");
    }                                       //外循环结束
    return 0;
}
```

程序运行结果如下：

```
        0       1       2       3       4
        0       1       2       3       4
        0       1       2       3       4
        0       1       2       3       4
        0       1       2       3       4
```

2）3 种循环结构语句可以相互嵌套。

【例 7.7】3 种循环语句的相互嵌套。

编写程序如下：

```
#include <stdio.h>
int main()
{
    int i, j;
    for (i = 0; i < 5; i++) {               //外循环开始
        j = 0;                              //初始化内循环变量
        while (j < 5) {                     //内循环开始
            printf("\t%d", j);
            j++;
        }                                   //内循环结束
        printf("\n");
    }                                       //外循环结束
    return 0;
}
```

程序运行结果同例 7.6。

3）选择结构和循环结构彼此之间可以相互嵌套。

【例 7.8】循环控制语句与选择控制语句的相互嵌套。

编写程序如下：

```
#include <stdio.h>
int main()
{
    int i;
    for (i = 1; i < 5; i++) {          //外循环开始
        switch (i) {                   //内选择结构开始
        case 1:
            printf("*\n");
            break;
        case 2:
            printf("**\n");
            break;
        case 3:
            printf("***\n");
            break;
        default:
            printf("*\n");
```

```
            }                                  //内选择结构结束
        }                                      //外循环结束
        return 0;
    }
```

程序运行结果如下：

```
*
**
***
*
```

4）可以用 break 语句从内循环跳转到外循环，但不允许从外循环跳转到内循环。

【例 7.9】用 break 语句中断循环。

编写程序如下：

```
    #include <stdio.h>
    int main()
    {
        int i, j, s;
        for (i = 1; i < 10; i++){                          //外循环开始
            for (j = 1, s = 0; j <= 100; j++) {            //内循环开始
                s = s + i + j;
                if (s > 200) {                             //内选择结构开始
                    break;                                 //跳出内循环循环
                }                                          //内选择结构结束
            }                                              //内循环结束
            printf("i=%d\tj=%d\ts=%d\n", i, j, s);
        }                                                  //外循环结束
        return 0;
    }
```

程序运行结果如下：

```
i=1     j=19    s=209
i=2     j=18    s=207
i=3     j=17    s=204
i=4     j=17    s=221
i=5     j=16    s=216
i=6     j=15    s=210
i=7     j=14    s=203
i=8     j=14    s=217
i=9     j=13    s=208
```

【例 7.10】输出数字 1～9，每行输出数字的个数与数字的值相等（如第 2 行连续输出两个 2）。

分析：

① 每行输出连续 i 个数 j，用 for 循环结构语句，循环变量为 i，输出数为 j。编写程序如下：

```
int i, j;
for (i=1; i<=j; i++) {
    printf("%d", j);
}
```

② 输出数字 1～9，每行输出 1 个。用 for 循环结构语句，循环变量为 j，j 为输出的数。编写程序如下：

```
#01     for (j=1; j<=9; j++) {
#02         //每行输出连续i个数j
#03     }
```

将第一部分的程序嵌入到第二部分，即替换第 2 行的注释语句，即可完成整个问题的求解。

编写程序如下：

```
#include <stdio.h>
int main()
{
    int i, j;
    for (j = 1; j <= 9; j++) {              //外循环开始，确定数字
        for (i = 1; i <= j; i++) {          //内循环开始，确定输出次数
            printf("%d", j);
        }                                   //内循环结束
        printf("\n");
    }                                       //外循环结束
    return 0;
}
```

程序运行结果如下：

```
1
22
333
4444
55555
666666
7777777
88888888
999999999
```

7.6 跳 转 语 句

在C语言中，常用的跳转语句主要有break、continue、return、go to等。它们用在循环中，可以改变程序执行的流程。本小节主要介绍break语句与continue语句。

7.6.1 break语句

break语句的一般格式如下：

```
break;
```

break是中断、停止的意思。break语句在程序设计中的主要作用是停止结构体内程序执行，跳出结构体，执行结构体后面的语句。可用于while、do-while和for 3种循环体和switch选择结构体。

【例7.11】连续输入5个正整数，如果输入了负整数，则终止程序。求它们的和，并输出求和的结果。

分析：

1）声明整型变量a，用于接收输入的整数。

2）声明整型变量sum，初始化为0，用于存放累计和。

3）for循环控制结构实现数字的输入和求和。

4）考虑可能输入负整数，因此对每次输入的数字进行判断，如果是负整数，则中断循环。

编写程序如下：

```
#include <stdio.h>
int main()
{
    int a, i, sum = 0;
    for (i = 1; i <= 5; i++) {
        printf("a= ");
        scanf("%d", &a);
        if (a < 0) break;
        sum += a;
    }
    printf("sum=%d\n", sum);
    return 0;
}
```

程序运行结果如下：

```
a= 1↙
a= 2↙
a= 3↙
a= -4↙
sum=6
```

7.6.2　continue 语句

continue 语句的一般格式如下：

```
continue;
```

continue 语句的作用是提前结束本次循环，根据循环条件决定是否进入下一次循环。

【例 7.12】 连续输入 5 个正整数，求它们的和，输出求和的结果。

分析：在例 7.11 中，当输入一个负数时，程序运行终止，这样所求和的个数将小于 5。在此对上面的程序进行改进，以保证求和个数为 5。利用 contiune 语句，当输入负数后，重新输入，并且循环次数减 1。

1）声明整型变量 a，用于接收输入的整数。

2）声明整型变量 sum，初始化为 0，用于计算和存放累计和。

3）声明循环变量 i。

4）for 循环控制结构实现数字的输入和求和。

5）考虑可能输入负整数，因此对每次输入的数字进行判断，如果是负整数，则重新输入，否则求和。

编写程序如下：

```
#01    #include <stdio.h>
#02    int main()
#03    {
#04        int a, i, sum = 0;
#05        for (i = 1; i <= 5; i++) {
#06            printf("a= ");
#07            scanf("%d", &a);
#08            if (a < 0) {                    //判断输入的数字是否为负数
#09                --i;                        //输入的是负数，循环变量减1
#10                continue;                   //返回执行语句第5行
#11            }
#12            sum += a;                       //累加求和
#13        }
#14        printf("%d", sum);
#15        return 0;
#16    }
```

程序运行结果如下：

```
a= 2↙
a= 2↙
a= -8↙
a= 2↙
a= 2↙
a= 2↙
sum=10
```

该程序的功能是从键盘输入 5 个正整数求和，如果输入的数 a 是负数，则 continue 语句提前结束本次循环，即跳过求和 sum+=a;语句。

本 章 小 结

本章主要介绍循环结构的相关内容。

有了循环结构语句，可方便地解决需要重复执行的问题，使得编写重复执行的语句或复合语句（语句块）的程序可读性更好。C 语言有 3 种基本循环结构语句：while、do-while 和 for。3 种循环结构语句各有特点。一般来讲，while 和 do-while 语句主要用于循环次数不确定的循环结构；而 for 语句主要用于循环次数可确定的循环结构。3 种循环语句可以互换使用，也可以相互嵌套。

控制结构语句的嵌套：在解决具体应用问题中，经常需要将选择结构和循环结构结合使用。C 语句不仅允许同类型的控制结构嵌套，而且不同控制结构也能嵌套，即循环结构语句除了与循环语句嵌套之外，还可以与选择结构嵌套；选择结构也可以嵌套循环结构。在使用嵌套结构时需要注意的是：嵌套是将某种控制结构整体嵌套在另一个控制结构中，即不能出现交叉，否则程序运行的结果将会出错。

C 语句除了 3 种基本的控制结构语句之外，还提供了两个程序流程控制语句：break 语句、continue 语句。

Break 语句和 continue 语句都是表示中断某层循环结构的正常执行次序，但 break 语句不仅是中断，而且要跳出本层循环结构；而 continue 语句则只是中断其后的语句执行，返回本层循环结构语句的首行。

对于一个具体问题，求解的方法可以多种多样，所使用的控制结构语句也可以灵活选择。而具体的控制结构语句的语法规则是不变的。因此，在求解问题过程中，首先要利用结构化程序设计思想将一个复杂的问题分解成若干个子问题，对某些子问题，如果不能用某一条语句描述，则继续分解，直到可以用某个语句表达出来为止，再将这些语句组合起来即可完成整个问题的求解。

习　　题

1. 输入 n 个同学的成绩，计算并输出它们的最高分、最低分、平均分和及格人数。
2. 按下列公式计算 π 的值，要求最后一项的绝对值不超过10^{-6}，画出流程图：

$$\pi^2=1+1/2^2+1/3^2+1/4^2+\cdots+1/n^2$$

3. 编写一个程序，输入一个正整数，计算并显示该数的各位数字之和。
4. 编写一个程序，计算如下公式的值：1!+2!+⋯+n!。
5. 编写一个程序，根据车型和路程计算高速公路的收费金额。收费标准如下。

小型车：2 元/千米；中型车：3 元/千米；货车：4 元/千米；重型货车：5 元/千米。

要求：循环显示下面的列表，用户选择车型，输入千米数后，计算应交费用并输出结果，直到用户选择退出选项后，程序结束。画出流程图。

```
************************************
*              高速公路计费              *
*                                      *
*   1  小型车                 2  中型车   *
*   3  货车                   4  重型货车 *
*                0  退出                 *
************************************
```

6. 一个数如果恰好等于它的因子之和，则这个数称为完数。例如，6 的因子为 1、2、3，而 1+2+3=6，因此 6 是完数。编写一个程序找出 6～1000 之间的完数，并按 6=1+2+3 格式输出这个完数。

第 8 章 数 组 设 计

前面几章内容学习了一些简单数据类型，如 char、int、float 和 double 等，在实际应用中，经常需要对大批量的数据进行处理，而且这些数据具有内在联系（类型相同、含义相似）。为了便于处理这类数据，C 语言提供了数组这种构造类型的数据类型。本章介绍数组类型的定义、数组元素的引用、数组的初始化以及一些典型的数组程序设计。

8.1 数组类型的引入

在解题过程中，一般采用简单变量（一个变量一个名字，在内存中占用一个单元）。但是遇到比较复杂的问题，简单变量就无法解决了。

例如，输入 5 个学生的成绩，要求输出所有高于平均分的成绩。

这道题看似简单，但用前面学到的知识不容易解决。下面进行分析：首先需要把平均分求出来，若所有的成绩都用一个 double 变量 score 来表示，则可以很容易地用一个 for 循环求出平均值 avg，程序段如下：

```
for (int i = 0; i < 5; i++){
    scanf("%lf ", &score);
    avg += score / 5;
}
```

但此时 score 变量中存放的是最后一名学生的成绩，前面 4 名学生的成绩都没有保存，这样就不能找出高于平均分的成绩了，所以这里需要把每个学生的成绩都用一个变量存储起来。按照这个思路，编写程序如下：

```
#include<stdio.h>
int main()
{
    int score0, score1, score2, score3, score4;
    double avg;
    scanf("%lf%lf%lf%lf%lf",
        &score0, &score1, &score2, &score3, &score4);
    avg = (score0 + score1 + score2 + score3 + score4) / 5.0;
    if (score0 > avg)   printf("%g\n", score0);
    if (score1 > avg)   printf("%g\n", score1);
    if (score2 > avg)   printf("%g\n", score2);
    if (score3 > avg)   printf("%g\n", score3);
    if (score4 > avg)   printf("%g\n", score4);
    return 0;
}
```

假如把学生人数变为 100 人、1000 人呢？显然，需要设置 100 个、1000 个变量来存放学生的成绩，相应地，程序会变得更加烦琐。因此，C 语言引入了另一种数据类型——数组。

这道题用数组来做，编写程序如下：

```
#include<stdio.h>
#define N 5
int main()
{
    int i;
    double score[N];
    double avg = 0;
    for (i = 0; i < N; i++) {
        scanf("%lf", &score[i]);
        avg += score[i];
    }
    avg /= (double)N;
    for (i = 0; i < N; i++) {
        if (score[i] > avg)
            printf("%g\n", score[i]);
    }
    return 0;
}
```

若学生人数为 1000 人，只需把#define N 5 变为#define N 1000 即可。显然，需要存储和处理大量具有相同类型的、相关联的数据时，用数组类型来做更为合适。

那么，什么是数组呢？数组是具有一定顺序关系的若干对象的集合体，组成数组的对象称为该数组的元素。数组元素用数组名与带方括号的下标表示，同一数组的各元素具有相同的类型。上例中，通过 double score[5]; 定义了 score 这个数组，它有 5 个 double 型元素，分别为 score[0]、score[1]、score[2]、score[3]、score[4]，程序中可以直接使用各个数组元素，而不需要对它们逐个定义。

数组按照下标的个数分为一维数组、二维数组和多维数组，如图 8-1 所示。

a[0]	1
a[1]	2
a[2]	3
a[3]	4
a[4]	5

（a）一维数组

	语	数	英
学生1	90	100	98
学生2	85	96	78
学生3	79	67	75
学生4	60	70	80

（b）二维数组

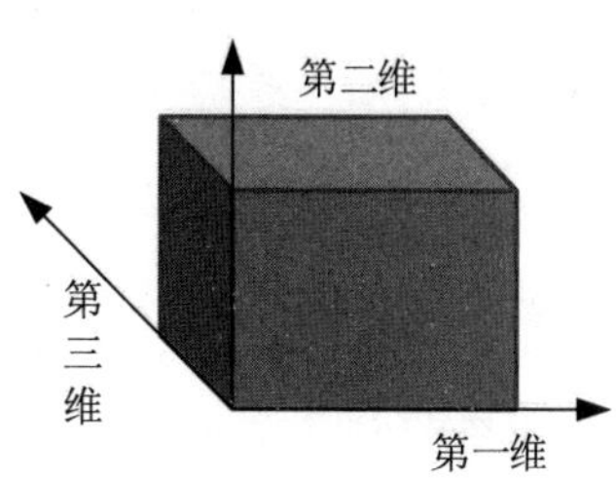

（c）二维数组

图 8-1　一维数组、二维数组与多维数组的认识

8.2 一 维 数 组

只包含一个下标的数组称为一维数组。数组属于自定义数据类型，因此在使用之前首先要进行类型定义。

8.2.1 一维数组的定义

定义一个数组类型，应该包括以下几个方面：确定数组的名称，确定数组的类型，确定数组的维数（包括数组的每一维的大小）。

定义一个一维数组的一般形式如下：

```
类型说明符      数组名[常量表达式];
```

例如：

```
int a[5];
```

说明：

1）"类型说明符"指的是数组中各元素的类型，可以是整型、浮点型、字符型等基本类型，也可以是结构体等构造类型。

2）"数组名"由标识符指定，应该遵循标识符的命名规则，同时还需要注意两个数组不能同名，数组和简单变量也不能同名。例如：

```
int a;                      //a是变量名
int a[10];                  //a是数组名，与上面的变量a同名了
int 9c[10];                 //9c不是合法的标识符
```

以上写法是错误的。

3）"数组名"后面的方括号个数表示数组的维数，一个方括号表示定义的是一维数组。

4）方括号中的常量表达式表示数组的元素个数，即数组的长度，其值必须为正整数。需要注意的是：表达式只可包含普通常量或符号常量，不能包含变量。例如：

```
int n=5;
int a[n];                   //在定义数组a时采用变量n作为表达式
char c[-30];                //表示数组长度的表达式的值为负数
double d[100.0]             //表示数组长度的表达式的类型为实型
```

以上写法都是错误的。

```
#define LEN 20
…
int a[3+6];                 // 3+6为整型常量表达式
char c[LEN+10];             // LEN+10为整型常量表达式
```

以上写法是正确的。

8.2.2 一维数组的引用

当采用上述方式对数组进行定义以后，系统就为该数组在内存中分配一块连续的内存单元，数组中的各元素在内存中按顺序依次存放。这些元素具有相同的名字，在内存中按照顺序排列，并通过下标相互区分，每个数组元素等同于一个变量，所以称为下标变量。例如，定义“int a[5];”，这里 a 是一个基本类型为 int 的数组，它由 5 个元素组成，即 a[0]、a[1]…a[4]（注意：数组元素的下标从 0，而不是我们熟悉的 1 开始，下标的最大值为数组长度-1，故 a[4]指的是数组 a 中的第 5 个元素）。它们在内存中的存放顺序如图 8-2 所示（图中方框内的值为数组元素的值）。

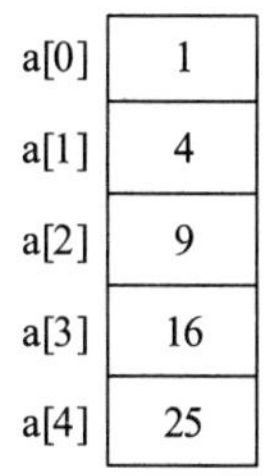

图 8-2　一维数组的存储顺序

定义数组后，就可以直接引用数组中的元素了。数组元素的引用格式如下（请注意与前面的数组定义格式进行区分）：

```
数组名[表达式];
```

这里的下标表达式可以为整型常量、变量或表达式。

```
int a[5], i=2;  //定义数组 a，方括号中的 5 表示数组元素的个数为 5 个
a[0]=0;         //引用数组元素 a[0]，方括号中的 0 表示该元素在数组中的位置
a[i]=1;         //引用数组元素 a[2]
a[i+2]=4;       //引用数组元素 a[4]
```

数组元素一般不可以作为整体进行输入、输出、赋值等操作，而是逐个引用数组元素（字符数组除外）。例如：

```
int a[10];                      //定义数组 a
scanf("%d",a);              //输入数组元素的值
printf("%d\t", a);              //输出数组元素的值
```

此处的输入和输出都是错误的。

【例 8.1】 定义名为 a 的整型数组，该数组长度为 10，试编写程序将每个元素分别赋值为 0、1、4、9、16、25、…、81，并分别正序和逆序输出。

```
#include<stdio.h>
int main()
{
    int a[10], i;                   //定义数组a
    for (i = 0; i < 10; i++)        //给数组元素赋值
```

```
        a[i] = i * i;
    printf("正序输出为: \n");
    for (i = 0; i < 10; i++)            //正序输出数组元素的值
        printf("%d\t", a[i]);
    printf("\n逆序输出为: \n ");
    for (i = 9; i >= 0; i--)            //逆序输出数组元素的值
        printf("%d\t", a[i]);
    return 0;
}
```

C 语言对数组下标越界不做语法检查，当引用数组元素时，出现下标值不在数组定义的下标范围时，系统不会提示编译错误。这样用户不容易发现错误，运行程序时可能会破坏其他变量的数据，或破坏目标代码，甚至破坏系统程序，从而引起运行错误。这一点在编程时需要特别注意。

【例 8.2】分析下面的程序。

```
#include<stdio.h>
int main()
{
    int a[5], i;
    for (i = 0; i < 5; i++)
        a[i] = i + 1;
    for (i = 0; i <= 5; i++)
        printf("%d\t", a[i]);
    return 0;
}
```

执行第一个 for 语句以后，a 数组中存放的 5 个元素分别为 1、2、3、4、5。需要注意的是第二个 for 语句，该循环执行 6 次，依次输出 a[0]、a[1]、…、a[4]，即 1、2、3、4、5，但最后 i 变为 5，输出 a[5]，显然，该下标已越界；a[5]并不是数组中的一个元素，可以把它看成 a[4]后面的存储单元对应的变量的值，是一个不能确定的值。

8.2.3 一维数组的初始化

在编程时，可以采用赋值语句或输入语句对数组元素逐一进行赋值，但这样会占用运行时间。如果在定义数组时，数组元素的初值已经确定，可以在定义数组的同时对数组元素赋初值，即数组的初始化。由于数组的初始化是在编译阶段进行的，因此这样可以减少运行时间，提高程序的执行效率。

数组初始化的一般形式如下：

```
类型说明符    数组名[常量表达式]={值 1,值 2,…,值 n};
```

例如：

```
int a[5]={1,3,5,7,9};
```

该语句表示定义一个具有 5 个 int 型元素的数组 a，并将 1、3、5、7、9 分别作为 a[0]、a[1]…a[4]的初值。

对数组的初始化说明如下。

1）当给所有数组元素都赋初值时，数组长度可以缺省，此时系统会自动按照初值的个数来决定该数组的长度。例如：

```
int a[ ]={1,3,5,7,9};
```

等价于

```
int a[5]={1,3,5,7,9};
```

注意此时数组名后面的方括号不能省略。

2）若数组长度大于初值的个数，则只给相应的数组元素赋初值，系统自动给其余元素赋初值 0。例如：

```
int a[5]={1,3,5};
```

初始化后 a[0]=1, a[1]=3, a[2]=5, a[3]=0, a[4]=0。

3）初始化数组时，初值个数不能多于数组元素个数，否则会产生编译错误。例如：

```
int a[4]={1,3,5,7,9};              //编译错误，初值过多
```

4）不能对数组整体赋值，只能给数组元素逐个赋值。例如：

```
int a[5]={1,1,1,1,1};
```

不能企图以下列方式实现：

```
int a[5]={1};                      // a[0]=1，其余元素均为 0
```

或

```
int a[5]={5×1};                    // a[0]=5，其余元素均为 0
```

或

```
int a[5]=1;  //赋值号左边是数组，右边是整型变量，会出现编译错误
```

5）注意以下写法的区别：

```
int a[5]={1,1,1,1,1};              //正确，定义的同时初始化
int a[5];a={1,1,1,1,1};            //错误
int a[5];a[5]={1,1,1,1,1};         //错误
```

6）数组不初始化时，元素值为随机数。例如：

```
int a[5];                //a[0]、a[1]、…、a[4]的初值为随机数
```

8.2.4　一维数组的程序设计

一维数组在实际中应用得非常广泛，下面看一些典型的例子。

【例 8.3】用数组求斐波那契（Fibonacci）数列的前 20 项。

分析：Fibonacci 数列的前几项分别为 1,1,2,3,5,8,13,21…，很容易发现，前 2 项为 1,1，从第 3 项开始，后面的每一项都是前两项之和。这些项都是整数，而且有一定关联，所以我们可以定义一个 int 型数组来存放它们。可以在定义数组时给前两项初始化，然后就可以据此求出第 3 项、第 4 项……，直至第 20 项，最后输出即可。

编写程序如下：

```
#include<stdio.h>
int main()
{
    int f[20] = { 1,1 }, i;            //定义int型数组f，并初始化
    for (i = 2; i < 20; i++) {
        //数列的第i项等于第i-1项和第i-2项的和
        f[i] = f[i - 1] + f[i - 2];
    }
    for (i = 0; i < 20; i++) {
        printf("%d\t", f[i]);          //输出数组元素的值
        //控制输出格式，每输出5个数据后换行
        if ((i + 1) % 5 == 0)
            printf("\n");
    }
    return 0;
}
```

【例 8.4】编写一个程序，输入年、月、日，输出这一天是这一年的第几天。

分析：输入的年、月、日可以用 int 型变量 year、month、day 来表示，输出的天数可以用 int 型变量 s 来表示，一年中每个月的总天数是固定的，可以定义一个 int 型数组 a 来存储每个月的总天数。下面分析 s 的求法。显然，s 的值与输入的月份直接关联，当输入的月为 1 时，s 就是输入的 day 的值；当输入的月为 2 时，s 是一月的总天数加上输入的 day 的值；当输入的月大于 2 时，首先应该求出 month 之前的月一共有多少天（由于 2 月比较特殊，此时还应考虑是否为闰年的情况），然后再加上 month 所在的那个月的 day 的值。

编写程序如下：

```
#include<stdio.h>
int main()
{
    int year, month, day, s, i;
    //定义数组a并初始化
    int a[12] = { 31,28,31,30,31,30,31,31,30,31,30,31 };
    scanf("%d%d%d", &year, &month, &day);
    if (month == 1)                          //输入的月份为一月
        s = day;
    else if (month == 2)                     //输入的月份为二月
```

```
            s = a[0] + day;
        else {                                      //输入的月份为三至十二月
            s = 0;
            for (i = 0; i < month - 1; i++)
                s = s + a[i];
            if ((year % 4 == 0 && year % 100 != 0)
                || year % 400 == 0)                 //闰年的情况
                s = s + 1;
            s = s + day;
        }
        printf("%d\n", s);
        return 0;
    }
```

【例 8.5】歌唱比赛时选手的得分按照如下规则进行计算：去掉一个最高分，去掉一个最低分，然后取剩余分数的平均值作为选手的最后得分。编写一个程序，输入 9 个裁判的给分，输出选手的最后得分。

分析：9 个裁判的给分都是实数，可以用一个含有 9 个元素的 double 型数组来存放。按照题意，首先输入 9 个裁判的给分，存入数组，然后求出最大和最小值，最后将剩余元素值相加再除以 7，就得到了平均分。可以从头到尾将数组遍历一遍，在遍历中求出最大值、最小值以及所有元素的和；在遍历结束以后，将和减去最大值、最小值，然后求出平均值，就可以得到选手的最后得分。

编写程序如下：

```
#include<stdio.h>
int main()
{
    int i;
    double score[9], max, min, aver;
    printf("请输入9个评委的给分(0-10):\n");
    for (i = 0; i < 9; i++)
        scanf("%lf", &score[i]);                    //输入9个得分
    max = min = aver = score[0];
    for (i = 1; i < 9; i++) {
        if (max < score[i])
            max = score[i];                         //求最大值
        else if (min > score[i])
            min = score[i];                         //求最小值
        aver += score[i];                           //求总得分
    }
    aver -= max + min;
    //输出得分，保留2位小数
    printf("选手的最后得分是%.2lf\n", aver / 7);
```

```
        return 0;
    }
```

【例 8.6】歌唱比赛时所有 8 个选手的得分已知，编写一个程序，输入 8 个选手的得分，将它们按照从大到小的顺序排序。

分析：排序是指把一组随意存储的数据重新安排存储位置，使这些数据按照从大到小或从小到大的顺序排列。8 个选手的得分可以存放在 double 型数组中，例如，开始时 a[0]、a[1]、…、a[7]分别存放的是：

a[0]	a[1]	a[2]	a[3]	a[4]	a[5]	a[6]	a[7]
9.9	8.6	9.2	9.1	9.7	8.9	9.3	9.5

排序以后变为：

a[0]	a[1]	a[2]	a[3]	a[4]	a[5]	a[6]	a[7]
9.9	9.7	9.5	9.3	9.2	9.1	8.9	8.6

排序的方法很多，这里采用冒泡排序法。冒泡排序法的基本思想如下：从头到尾比较相邻的两个元素，将大的数放在前面，小的数放到后面（若前面的数比较小，则交换两数，否则不交换），这个过程称为第一趟冒泡。显然，经过这一趟冒泡以后，最小的数就放到了最后。仍以上面的 8 个数为例，示意图如图 8-3 所示。

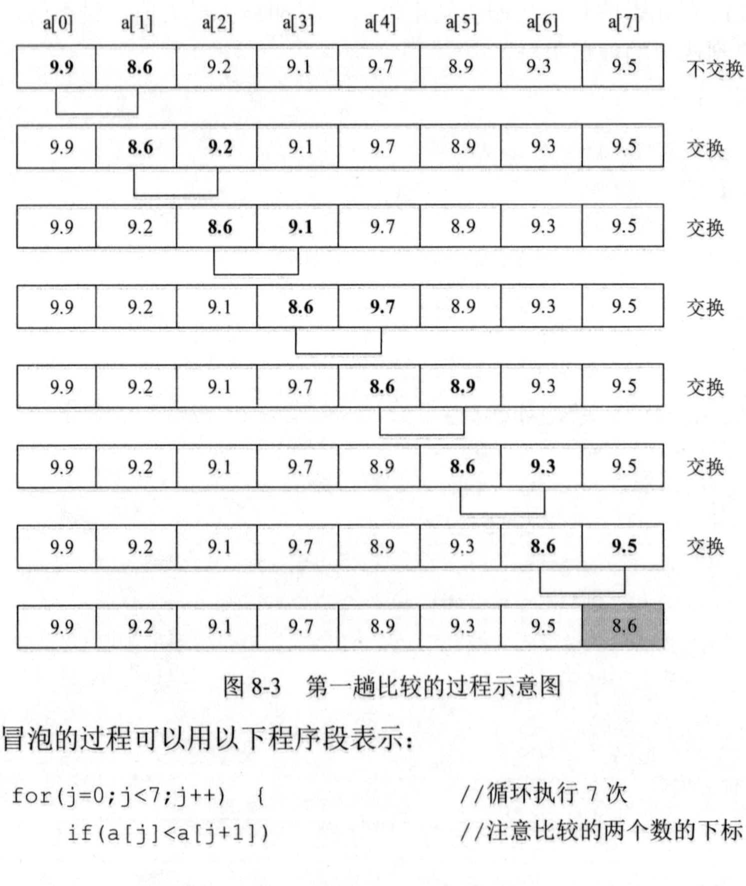

图 8-3　第一趟比较的过程示意图

第一趟冒泡的过程可以用以下程序段表示：

```
for(j=0;j<7;j++)  {              //循环执行 7 次
    if(a[j]<a[j+1])              //注意比较的两个数的下标，是相邻的两个数
```

```
        {    t=a[j];
             a[j]=a[j+1];
             a[j+1]=t;
        }
    }
```

经过第一趟冒泡以后，得到了最小的数，并把它放在了 a[7]里。前面 7 个数仍然没有排好序，所以需要进行第二趟冒泡排序。与前面的方法类似，对前面 7 个数从头到尾再比较相邻的两个数，仍然把小的数放在后面，这样，比较 6 次以后，可以得到前 7 个数中的最小值，并将它放在 a[6]里。示意图如图 8-4 所示。

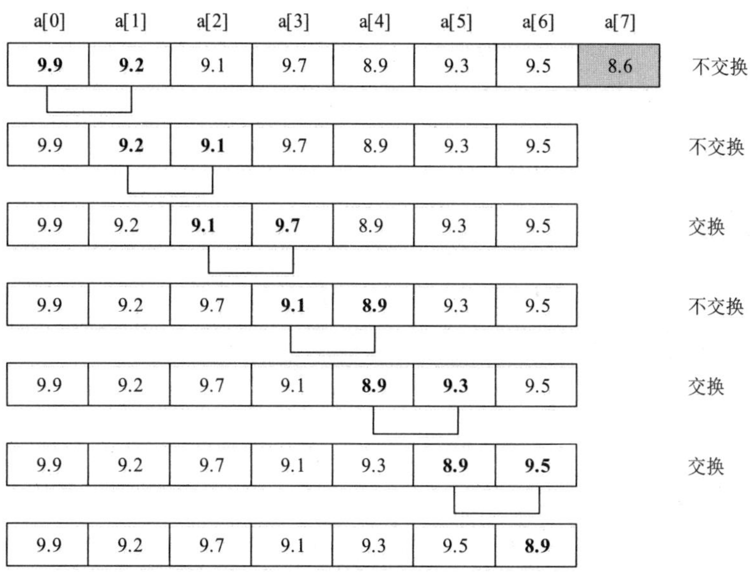

图 8-4　第二趟比较的过程示意图

第二趟冒泡的过程可以用以下程序段表示：

```
for(j=0;j<6;j++) {                        //循环执行 6 次
    if(a[j]<a[j+1]) {
        t=a[j];
        a[j]=a[j+1];
        a[j+1]=t;
    }
}
```

比较第一趟和第二趟冒泡的程序段，发现它们几乎是相同的，区别仅仅在于 for 循环的循环条件有一点细微的差别。

以此类推，可以通过第三趟冒泡，得到第三小的数，将它存放在 a[5]中；通过第四趟冒泡，得到第四小的数，将它存放在 a[4]中；通过第五趟冒泡，得到第五小的数，将它存放在 a[3]中；通过第六趟冒泡，得到第六小的数，将它存放在 a[2]中；通过第七趟冒泡，得到第七小的数，将它存放在 a[1]中；最后在 a[0]中的数就是最大的数了。这样，整个排序过程就完成了。

总结一下，可以发现要比较 8 个数，需要通过 7 趟冒泡，也就是 7 个 for 循环就可以完成排序过程。而每一个 for 循环语句都是非常类似的，只存在细微差别，所以它又是一个重复的过程，这样，就可以把这个 for 语句作为另一个循环的循环体。根据分析，可以写出 7 趟冒泡的程序段：

```
for(i=0;i<7;i++)                    //8 个数排序，需比较 7 趟
    for(j=0;j<7-i;j++)              //注意循环条件与比较的趟数 i 的关系
        if(a[j]<a[j+1])
        {   t=a[j];
            a[j]=a[j+1];
            a[j+1]=t;
        }
```

完整的程序代码如下：

```
#include<stdio.h>
int main()
{
    int i, j;
    double a[8], t;
    printf("请输入8个选手的得分(0-10):\n");
    for (i = 0; i < 8; i++)                      //输入8个得分
        scanf("%lf", &a[i]);
    for (i = 0; i < 7; i++) {                    //用2重循环实现排序
        for (j = 0; j < 7 - i; j++) {
            if (a[j] < a[j + 1]) {
                t = a[j];
                a[j] = a[j + 1];
                a[j + 1] = t;
            }
        }
    }
    printf("选手的得分按照从大到小的顺序排列为: \n");
    //按照从大到小的顺序输出得分
    for (i = 0; i < 8; i++)
        printf("%.1lf\t", a[i]);                 //输出结果保留1位小数
    return 0;
}
```

8.3 二 维 数 组

C 语言不仅能够处理一维数组，而且可以处理二维数组、三维数组等多维数组，其中较常用的是二维数组。例如，全班一共有 30 名学生，每名学生学习 3 门课程，则班级成绩

单可以用一个二维数组 score[30][3]来表示，其中第一维长度 30 表示学生的总人数，第二维长度 3 表示每名学生的课程总门数。

8.3.1　二维数组的定义

二维数组具有两个下标，其定义的一般形式如下：

```
类型说明符    数组名[常量表达式 1] [常量表达式 2];
```

其中，类型说明符、数组名和常量表达式的要求与一维数组相同，常量表达式 1 为第一维（通常称为行）的长度，常量表达式 2 为第二维（通常称为列）的长度，数组元素的个数为常量表达式 1 和常量表达式 2 的乘积。例如：

```
int m[3][2];
```

定义了 int 型的二维数组，为 3 行 2 列，共有 3×2=6 个元素，分别为：

```
m[0][0], m[0][1];         //第 1 行 2 个元素
m[1][0], m[1][1];         //第 2 行 2 个元素
m[2][0], m[2][1];         //第 3 行 2 个元素
```

二维数组在逻辑上是二维的，但是在内存中是按照一维方式连续编址的。C 语言采用行优先的存储方式，即首先存放第 1 行的元素，然后存放第 2 行的元素，以此类推。例如，上面定义的二维数组 m 在内存中的存储结构如图 8-5 所示。

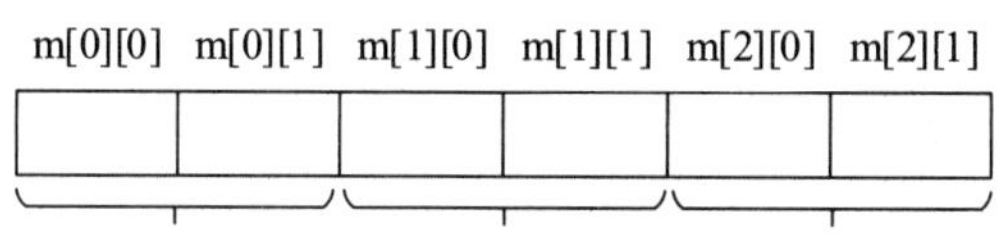

图 8-5　二维数据组 m 的存储结构

观察图 8-5 可以发现，二维数组 int m[3][2]也可以看成由 m[0]、m[1]和 m[2]共 3 个元素构成，而 m[0]、m[1]和 m[2]又可以看成一维数组名，它们分别包含两个元素。例如，一维数组 m[0]包含元素 m[0][0]和 m[0][1]，一维数组 m[1]包含元素 m[1][0]和 m[1][1]，一维数组 m[2]包含元素 m[2][0]和 m[2][1]。

8.3.2　二维数组的引用

对二维数组进行定义以后，就可以直接引用二维数组中的元素了，其引用格式如下：

```
数组名[下标 1][下标 2]
```

一维数组的定义和引用中的注意事项同样也适用二维数组。此外，对二维数组的引用还有如下几点说明。

1）数组元素的最大下标为数组名[行长度-1][列长度-1]。例如，若有定义 int a[3][5]，则最后一个元素为 a[2][4]。

2）二维数组元素相当于普通变量，能够参加表达式运算。例如：

```
a[2][4]= a[1][3]-1;
```

3）前面讲过，若有定义“int a[3][5];”，则 a[0]也可以看作二维数组 a 中的元素，但此时 a[0]是一维数组，不能直接引用它，只能引用 a[0]中的元素，如 a[0][0]等。

8.3.3 二维数组的初始化

与一维数组类似，C 语言也允许在定义二维数组的同时对其进行初始化，其初始化方式有如下几种。

1）分行给二维数组赋初值（即按行赋初值）。例如：

```
int a[3][4]={{1,2,3,4}, {5,6,7,8}, {9,10,11,12}};
```

将第一层花括号中的第 1 对{ }内的数据赋给第 1 行的元素，第 2 对{ }内的数据赋给第 2 行的元素，以此类推。这种方式比较直观。

2）可以将所有数据写在一个{ }内，系统自动按数组元素的排列顺序赋初值。例如：

```
int a[3][4]={1,2,3,4,5,6,7,8,9,10,11,12};
```

这种赋初值方式的结果与第一种方式的结果相同，但这种方式不直观，容易遗漏、出错。

3）可以对部分元素赋初值。例如：

```
int a[3][4]={{1},{5},{9}};
```

第 1 行数据为 1,0,0；第 2 行数据为 5,0,0；第 3 行数据为 9,0,0。

又如：

```
int a[3][4]={{2},{ },{7}};
```

第 1 行数据为 2,0,0；第 2 行数据为 0,0,0；第 3 行数据为 7,0,0。

再如：

```
int a[3][4]={{1},{0,6},{0,0,11}};
```

第 1 行数据为 1,0,0；第 2 行数据为 0,6,0；第 3 行数据为 0,0,11。

这种方法在非 0 元素少时比较方便，不必将所有的 0 都写出来，只需写少量数据。

4）如果对全部元素赋值，则定义数组时对第一维的长度可以不指定，但第二维的长度不能省略，系统按照数据总个数和每行的列数确定行数。例如：

```
int a[ ][4]={1,2,3,4,5,6,7,8,9,10,11,12};
```

虽然第一维省略了，但可以推算出其值为 3。

若每一行都清楚地进行了初始化（分行赋初值），也可以省略行下标。例如：

```
int a[ ][4]={{0,0,3},{ },{0,10}};
```

可以清楚地看出省略的行下标为 3。

8.3.4 二维数组的程序设计

【例 8.7】输入一个 2 行 3 列的二维数组，输出该数组，然后将其行列互换后输出。例如：

$$原数组=\begin{bmatrix}1 & 2 & 3\\4 & 5 & 6\end{bmatrix}\qquad 行列互换后的数组=\begin{bmatrix}1 & 4\\2 & 5\\3 & 6\end{bmatrix}$$

分析：由于二维数组具有 2 个下标，因此对其进行输入、输出操作需要两重循环。

注意：输出时按行输出，每输出一行以后要换行。原数组定义为 2 行 3 列的数组 a[2][3]，行列互换后的数组可定义为 3 行 2 列的数组 b[3][2]，在执行行列互换时要注意它们的行标和列标的取值范围，不要出现越界的情况。

编写程序如下：

```
#include<stdio.h>
int main()
{
    int i, j, a[2][3], b[3][2];      //a为原数组，b为互换之后的数组
    printf("请输入2行3列的数组a:\n");
    for (i = 0; i < 2; i++)          //二维数组的输入用2重循环
        for (j = 0; j < 3; j++)
            scanf("%d", &a[i][j]);
    printf("数组a:\n");
    for (i = 0; i < 2; i++) {        //输出原数组a
        for (j = 0; j < 3; j++) {
            printf("%5d", a[i][j]);
            b[j][i] = a[i][j];       //求数组b
        }
        printf("\n");                //每输出一行需要换行
    }
    printf("数组b:\n");
    for (i = 0; i < 3; i++) {        //输出数组b
        for (j = 0; j < 2; j++)
            printf("%5d", b[i][j]);
        printf("\n");                //每输出一行需要换行
    }
    return 0;
}
```

【例 8.8】打印如下所示的杨辉三角形。

```
1
1   1
1   2   1
1   3   3   1
1   4   6   4   1
1   5   10  10  5   1
```

分析：杨辉三角形可以采用一个二维数组来存储，输出时不必将全部的行列输出，仅输出对角线及其下方元素即可。观察各元素可以发现，第 1 列和对角线上的元素全部为 1，其余元素均可用它左上方的元素和正上方的元素之和求出。

编写程序如下：

```
#include<stdio.h>
#define N 6                                 //N代表行数
int main()
{
    //二维数组初始化为0，若不初始化，则元素的值不定
    int i, j, a[N][N] = { 0 };

    for (i = 0; i < N; i++)
        a[i][0] = a[i][i] = 1;          //将第1列和对角线上元素设置为1
    for (i = 1; i < N; i++) {
        for (j = 1; j < i; j++)
            a[i][j] = a[i-1][j-1] + a[i-1][j];//求出其余元素
    }
    for (i = 0; i < N; i++) {
        //输出对角线及其下方元素，注意循环条件
        for (j = 0; j <= i; j++)

            printf("%d\t", a[i][j]);
        printf("\n");
    }
    return 0;
}
```

【例 8.9】如图 8-6 所示，有 4 名学生，每名学生有 3 门课的成绩，试编程求出语、数、英 3 门课的平均成绩。

	语	数	英
学生1	90	100	98
学生2	85	96	78
学生3	79	67	75
学生4	60	70	80

图 8-6　4 名学生的成绩结构图

分析：可以用一个二维数组 score[4][3]存放 4 名学生 3 门课的成绩，再设一个一维数组 aver[3]存放各科平均成绩，首先把每门课的总成绩求出来，然后除以 4 就可求得平均成绩。这里为了节省内存空间，仍采用 aver[3]存放每门课的总成绩。

编写程序如下：

```
#include<stdio.h>
int main()
{
    int i, j;
    int score[4][3] = { {90,100,98},
                        {85,96,78},
                        {79,67,75},
                        {60,70,80} };
    int aver[3] = { 0 };              //每门课的总分初始化为0
    for (i = 0; i < 3; i++) {
        //求出每门课的总成绩并存放在aver中
        for (j = 0; j < 4; j++)
            //此处应注意下标的写法，j对应上图中的行标
            aver[i] += score[j][i];
        aver[i] /= 4;                 //i对应上图中的列标
        printf("第%d门课的平均成绩为%d\n", i, aver[i]);
    }
    return 0;
}
```

8.4 字符数组

数组元素类型为字符型的数组称为字符数组。有关一维数组的定义、初始化及引用等对任何类型的数组类型（包括字符数组）都是适用的，但是，字符数组也有其特殊之处，所以单独把它拿出来讨论。

8.4.1 字符数组的定义、引用及初始化

字符数组定义的一般形式如下：

```
char  数组名[常量表达式];
```

例如：

```
char ch[10];
```

由于字符型与整型相互通用，因此也可以定义为：

```
int  数组名[常量表达式] ;
```

需要注意的是：字符型和整型数据所占的内存空间是不同的，字符型占 1 个字节，而整型占 4 个字节（以 Visual C++ 6.0 为例），所以用整型空间存储字符型数据会造成存储空

间的浪费。

可以引用字符数组中的一个元素，得到一个字符，引用的一般形式如下：

```
数组名[表达式]
```

例如：

```
for(i=0;i<9;i++)
    ch[i]=i+'A';
```

这样，ch 数组中存放的 10 个元素分别为字符'A'、'B'、…、'J'。

字符数组允许在定义的同时对其进行初始化，可以逐个将字符赋给数组中的元素。例如：

```
char c[5]={'C',  'h',  'i',  'n',  'a'};
```

初始化时需要注意如下几个方面。

1）如果花括号中提供的初值个数（字符个数）大于数组长度，则按照语法错误处理。

2）如果初值字符个数小于数组长度，则只将这些字符赋给数组中前面那些元素，其余的元素自动定义为空字符（即'\0'，注意不是空格字符，空格字符的 ASCII 码值为 32，输出时是一个空格，而空字符'\0'的 ASCII 码值为 0，没有任何输出）。例如：

c[0]	c[1]	c[2]	c[3]	c[4]	c[5]	c[6]	a[7]	c[8]	c[9]
'c'	' '	'p'	'r'	'o	'g'	'r'	'a'	'm'	'\0'

则数组 c 的值如下：

```
char c[10]={'c', ' ', 'p', 'r', 'o', 'g', 'r', 'a', 'm'};
```

3）如果初值个数与数组长度相同，定义时可省略数组长度，系统会根据初值个数确定数组长度。例如：

```
char  c[ ]={'C','h','i','n','a'};
```

此时数组 c 的长度为 5。

4）二维字符数组的定义与赋初值也与其他类型的数组相同。

8.4.2 字符串

字符串在程序设计中会经常用到，如姓名、地址、邮政编码、电话号码等。在 C 语言中，没有设置字符串变量，而是将字符串作为字符数组来处理。

数组元素一般不可以作为整体进行输入、输出、赋值等操作，而是逐个引用数组元素（字符数组除外）。这个例外情况就是针对字符串来说的。

1. 字符串结束符

系统在存储字符串时，自动在字符串末尾加上一个'\0'作为结束符。例如，字符串"I am happy"在内存中的实际存储形式如下：

'I'	' '	'a'	'm'	' '	'h'	'a'	'p'	'p'	'y'	'\0'

2. 用字符串对数组进行初始化

用字符串对数组进行初始化时，既可以将字符串用一对{}括起来，也可以将{}省略。例如：

```
char c[ ]= {"I am happy"};
char c[ ]= "I am happy";
```

如上都是正确的。

需要注意的是，“char c[ ]= "I am happy";” 与 “char c[ ]={ 'I', ' ', 'a', 'm', ' ', 'h', 'a', 'p', 'p', 'y', '\0'};” 等价，与 “char c[ ]={ 'I', ' ', 'a', 'm', ' ', 'h', 'a', 'p', 'p', 'y'};” 不等价。请读者思考其原因。

3. 字符数组的输入输出

字符数组的输入输出有两种方式。

1）用格式符"%c"逐个字符输入输出。例如：

```
int i; char c[5];
for (i=0;i<5;i++)                          //逐个输入输出
{    scanf("%c", &c[i]);                   //采用%c 格式符
    printf("%c", c[i]);
}
```

2）用格式符"%s"将整个字符串一次输入或输出，输出时遇到结束符'\0'就停止。例如：

```
char c[]={"China"};
printf("%s", c );                          //整体输出，采用%s 格式符
```

采用格式符"%s"字符数组的输入输出时，应注意以下几点。

1）输出字符不包括结束符'\0'。

2）用"%s"格式输出时，printf( )函数中的输出项是字符数组的数组名，而不是数组元素名。例如：

```
char c[ ]="China";
printf("%s", c );     //正确
printf("%s", c[0]);  //错误，c[0]是字符型数组元素，只能用%c 格式符
```

3）当数组长度大于字符串的实际长度时，也只输出到'\0'结束。例如：

```
char  c[10] ={"China"};
printf("%s", c);
```

运行结果如下：

```
China
```

4）如果一个字符数组中包含多个'\0'，则遇到第一个'\0'时结束输出。例如：

```
char c[10]={'c', '\0 ', 'p', 'r', 'o', 'g', 'r', 'a', 'm', '\0'};
printf("%s", c) ;
```

运行结果如下：

```
c
```

5）用 scanf( )函数的"%s"格式输入一个字符串时，函数中输入项要用数组名，并且该数组已定义，输入字符串的长度应小于数组长度。例如：

```
char c[10];
//数组名c代表的是数组首地址，本身已经是地址，故其前面不需要加地址符&
scanf("%s", c);
```

6）用 scanf( )函数输入多个字符串时，每个字符串之间用空格分隔。例如：

```
char str1[5], str2[5], str3[5] ;
scanf("%s%s%s",str1,str2,str3);
printf("%s\n%s\n%s",str1,str2,str3);
```

若输入：

```
How are you? ↙
```

则运行结果如下：

```
How
are
you?
```

如果程序如下：

```
char str[13];
scanf("%s",str);
printf("%s",str);
```

同样输入：

```
How are you? ↙
```

则运行结果如下：

```
How
```

也就是只将第一个空格前的字符 How 送到 str 中，并加上'\0'，空格后的字符没有接收到 str 中，这一点应格外注意。

8.4.3 字符串处理函数

为了减轻编程工作量，C 语言提供了丰富的字符串处理函数。在使用这些函数之前，需要使用文件包含指令#inlcude <string.h>（C 程序中）或#inlcude <cstring>（C++程序中）将字符串处理函数引入用户的源文件。下面介绍一些常用的字符串处理函数。

1. 字符串输出函数 puts( )

puts( )函数的格式如下：

```
puts(字符数组);
```

作用：将一个字符串（或字符数组）输出到终端。注意该函数输出第一个'\0'之前的字符，然后自动换行。例如：

```
char str[10]={"China"};
puts(str);                    //相当于 printf("%s\n",str);
```

用 puts( )函数输出的字符串中也可以包含转义字符。例如：

```
puts("China\nBeijing");
```

使用 puts( )函数输出字符串比较简洁，但它一次只能输出一个字符串，而 printf( )函数不仅可以输出字符串，而且可以输出其他类型的数据，且格式更丰富，因此 printf( )函数使用更广泛一些。

2. 字符串输入函数 gets( )

gets( )函数的一般格式如下：

```
gets(字符数组);
```

作用：从终端输入一个字符串保存到字符数组中。其返回值表示存放字符串的起始地址。例如：

```
char str[10];
gets(str);
```

若运行时从键盘输入“Computer↙”，则将字符串 Computer 送给字符数组 str（这里存入数组 str 共 9 个字符，不是 8 个，自动追加一个结束符'\0'）。

说明：从键盘输入的字符串以回车符结束，其中可以包含空格字符。这是函数 gets( )与函数 scanf( )（用%s 格式符）的主要区别。

【例 8.10】写出以下程序的运行结果。

```
#include<stdio.h>
#include<string.h>
int main()
{
    char s1[10], s2[] = "computer\nworld",
        s3[] = "computer\0world";
    puts("请输入一个字符串");
    gets(s1);
    puts(s1);
    puts(s2);
    puts(s3);
```

```
        return 0;
    }
```

程序运行结果如下：

```
请输入一个字符串
abc def↙
abc def
computer
world
computer
```

3. 字符串连接函数 strcat( )

函数 strcat( )的一般格式如下：

```
strcat(字符数组1,字符数组2);
```

作用：strcat( )是 string catenate（字符串连接）的缩写。该函数连接两个字符数组中的字符串，把字符数组 2 中的字符串 2 连接到字符数组 1 中字符串 1 的后面，连接后的结果放在字符数组 1 中。函数调用后得到一个函数值为字符数组 1 的地址。

例如：

```
char str1[30]={"People’s Republic of  "};
char str2[ ]={"China"};
printf("%s", strcat(str1,str2));
```

运行结果如下：

```
People’s Republic of China
```

说明：

1）字符数组 1 必须足够大，以便容纳连接后的新字符串。

2）连接前，两个字符串的后面都有一个'\0'，连接时将自动取消第一个字符串后面的结束标志'\0'，只在新串最后保留一个'\0'。

4. 字符串复制函数 strcpy( )

函数 strcpy( )的一般格式如下：

```
strcpy(字符数组1,字符串2);
```

作用：strcpy( )是 string copy（字符串复制）的缩写。该函数将字符串 2 复制到字符数组 1 中（包括字符串结束标志'\0'）。

例如：

```
char str1[10], str2[ ]={"China"};
strcpy(str1, str2);
printf("%s",str1);
```

运行结果如下：

```
China
```

说明：

1）字符数组 1 必须足够大，以便容纳被复制的字符串。字符数组 1 的长度不应小于字符串 2 的长度。

2）字符数组 1 必须写成数组名形式，字符串 2 可以是字符数组名，也可以是一个字符串常量。

例如：

```
char str[10];
strcpy(str, "China");
```

3）复制时连同字符串后面的'\0'一起复制到字符数组 1 中。

4）不能用赋值语句将一个字符串常量或字符数组直接给一个字符数组，只能用函数 strcpy( )。

判断以下语句是否正确。

```
str2[ ]={"China"} ;            //不正确
str1=str2 ;                    //不正确
char str2[ ]={"China"};        //正确，数组的初始化
```

5）可以用函数 strncpy( )将字符串 2 中前面的若干个字符复制到字符数组 1 中，这时只需指出需要复制的字符个数即可。

函数 strncpy( )的一般格式如下：

```
strncpy（字符数组 1, 字符串 2, 字符数）;
```

例如：

```
strncpy(str1, str2, 2);
```

把 str2 中前面 2 个字符复制到 str1 中，然后追加一个结束符'\0'。

5. 字符串比较函数 strcmp( )

函数 strcmp( )的一般格式如下：

```
strcmp(字符串 1,字符串 2);
```

作用：strcmp( )是 string compare（字符串比较）的缩写。该函数用于比较字符串 1 与字符串 2。

比较的规则如下：对两个字符串按 ASCII 码值大小自左至右逐个字符相比较，直到出现不同的字符或遇到'\0'为止。如果全部字符相同，则认为相等；若出现不相同的字符，则以第一对不相同的字符的比较结果为准。如"A"<"B", "computer">"compare", "these">"that", "1"<"2"等。

比较结果由函数返回值表示：如果字符串 1 == 字符串 2，则函数值为 0；如果字符串

1 > 字符串 2，则函数值为一个正整数；如果字符串 1 < 字符串 2，则函数值为一个负整数。

注意：两个字符串比较不能用关系运算符，而只能用 strcmp( )函数，比较结果值由函数 strcmp( )返回。

例如：不能用 if(str1==str2) printf("yes");

只能用 if(strcmp(str1,str2)==0) printf("yes");

6. 测试字符串长度函数 strlen( )

函数 strlen( )的一般格式如下：

```
strlen（字符串）;
```

作用：strlen( )是 string length（字符串长度）的缩写。该函数用于测试字符串（可以是字符数组或字符串常量）的实际长度，不包括'\0'在内。

例如：

```
char  str[10]={"China"};
printf("%d", strlen(str));                //输出长度 5
printf("%d", strlen("China"));            //输出长度 5
```

7. 字符串大小写字母转换函数 strlwr( )和 strupr( )

strlwr（字符串）：将字符串中的大写字母转换成小写字母。

strupr（字符串）：将字符串中的小写字母转换成大写字母。

例如：

```
char str[10]={"China"};
strlwr(str);
printf("%s",str);                    //输出：china
printf("%s", strupr(str));           //输出：CHINA
```

8.4.4 字符数组的程序设计

【例 8.11】编写一个密码检测程序。假设正确密码为 password，要求用户从键盘输入密码，若正确则显示密码正确，程序结束；若不正确则提示重新输入，最多输入 3 次，若 3 次均不正确，则提示“过 5 分钟再试”。

分析：密码可以用一个字符数组存放，可设置一个循环完成密码的输入和比较，循环执行 3 次。每次循环时，首先输入密码，若正确，则提前结束循环，程序结束；若不正确，则判断是否循环了 3 次，若没有，则可以继续，若已经循环 3 次了，则机会已用完，提示并退出程序。

编写程序如下：

```
#include<stdio.h>
#include<string.h>
int main() {
    char s[20];
```

```
    int i;
    for (i = 1; i <= 3; i++) {                    //循环执行3次
        printf("请输入密码\n");
        gets(s);                                  //输入密码
        //检测密码，密码错误的情况
        if (strcmp(s, "password") != 0) {
            if (i < 3)
                printf("密码错误，按任意键继续\n");
            else
                printf("密码已错3次，请过5分钟再试\n");
        }
        else {                        //检测密码，密码正确的情况
            printf("密码正确\n");
            break;
        }
    }
    return 0;
}
```

以下是两个程序运行结果。

1）请输入密码
123↙
密码错误，按任意键继续
请输入密码
abc↙
密码错误，按任意键继续
请输入密码
def↙
密码已错 3 次，请过 5 分钟再试

2）请输入密码
abcdef↙
密码错误，按任意键继续
请输入密码
password↙
密码正确

【例 8.12】 编写一个程序。输入一个字符串，输出其中每个字符在字母表中的序号，对于不是英文字母的字符，输出 0。例如，输入“a5c3e”，输出 1 0 3 0 5。

分析：字符串可以用一个字符数组存放，字符串里可能有空格，因此，用函数 gets( ) 较合适。计算时需要遍历数组中的每个元素，首先要判断该字符是不是字母，如果是字母，则求出其序号并输出，否则输出 0。另外，还需要注意字母有大小写之分。

编写程序如下：

```
#include<stdio.h>
#include<string.h>
int main()
{
    char s[20];
    int i;
    printf("请输入一个长度不超过20的字符串\n");
    gets(s);
    //用循环条件s[i]!='\0'判断是否已经到了末尾
    for (i = 0; s[i] != '\0'; i++) {
        if (s[i] >= 'a' && s[i] <= 'z')     //小写字母的情况
            printf("%d ", s[i] - 'a' + 1);
        else if (s[i] >= 'A' && s[i] <= 'Z')//大写字母的情况
            printf("%d ", s[i] - 'A' + 1);
        else                                //其他字符的情况
            printf("0 ");
    }
    return 0;
}
```

程序运行结果如下：

```
请输入一个长度不超过 20 的字符串
a3 C 8 k 6 M↙
1 0 0 3 0 0 0 11 0 0 0 13
```

本 章 小 结

在程序设计中，当需要处理大量具有内在联系的相同类型数据时，采用数组类型比较方便。组成数组的数据称为数组元素。各元素通过下标来区分，下标表示数组元素值在数组中的位置。根据数组中下标的个数不同，数组可以分为一维数组、二维数组以及多维数组。

若数组只有一个下标，则称为一维数组。一个一维数组在使用之前必须先定义，通过定义可以确定该数组的名字、数组元素的类型以及数组元素的个数。一旦数组定义完成，数组元素就可以被引用，引用时需要注意下标从 0 开始，且不要出现下标越界的情况。数组定义以后，系统为该数组在内存中分配一块连续的存储空间，数组中各元素在内存中依次存放。可以利用这一点在程序中采用循环来引用数组元素并对其进行处理，从而提高工作效率。

若数组有两个下标，则称为二维数组。数组元素的个数为第一维长度和第二维长度的乘积。二维数组类似于数学中的矩阵，常常在逻辑上用矩阵形式表示二维数组（如 m 行 n

列），但是在内存中，各元素是连续存放的，不是二维的，而是线性的形式。C 语言在存储二维数组时采用按行优先的原则，即先存储第 0 行数据，再存储第 1 行数据……最后存储最后一行数据。

在程序设计中，经常会用到字符串，如学生的姓名、家庭住址、书名等。在 C 语言中是将字符串作为字符数组来进行处理的。对于字符数组，既可以采用%c 格式符逐个字符输入输出，又可以采用%s 格式符整体输入输出，这是与其他类型的一维数组不同的地方。此外，为了减轻编程工作量，C 函数库中提供了大量的字符串处理函数，主要用于处理字符串的输入输出、复制、合并、比较、测量长度和大小写字母转换等，在用到这些函数之前，需要将其原型所在头文件<string.h>包含进源文件中。

习 题

1. 输入 int 型数组 a（长度为 10），输出数组中最大元素的值及其在数组中的位置。

2. 输入一个位数不确定的整数，将其各位数字从高到低排序并输出。

3. 输入一个字符串和一个字符，要求判断该字符是否在字符串中，若出现，则输出该字符在字符串中出现的位置；若没有出现，则输出相应的提示信息。

4. 输入一个字符串，将其中所有的大写字母+5，小写字母-3，然后输出（假设字母循环出现，如'Z'+1 为'A'，'a'-1 为'z'）。

5. 输入一个 5 行 5 列的 int 型数组，输出每行的平均值和每列的平均值（结果保留 1 位小数）。

6. 输入字符串 s，将 s 中的数字字符放入 d 数组中，最后输出 d 中的字符串。

7. 输入一个 3×3 的矩阵，求其主对角线元素之和并输出。

8. 输入一个班 30 名学生的成绩，统计 90～100、80～89、70～79、60～69 及 0～59 各分数段的人数并输出。

9. 不调用函数 strcat( )，把字符串 str2 连接到字符串 str1 之后。

10. 输入 3 个英文单词，输出其中最大的单词（单词大小按字典顺序排序）。

第9章 函 数

在前述几章讲述的内容中，编写的都是只有 main( )函数的简单小程序。如果程序的任务比较简单，则全部代码可以都写在 main( )函数中。但是，在实际开发中，程序的任务往往比较复杂，如果将全部代码都写在 main( )函数中，main( )函数将非常庞大臃肿，结构复杂，而且往往还存在代码重复的问题。

如何解决这个问题呢？在设计一个复杂的较大系统时，最好的方法是采用“分而治之”，即从整体目标出发，设法将系统分解为若干个稍小的、相对简单的部分，即模块，每个模块完成一定的子任务，最后将这些有层次的逐级抽象的模块组合起来构成整个系统。

在 C 语言中，模块的功能由函数来实现。一个 C 结构化程序可由多个函数构成，函数是 C 程序的基本组成单位。

9.1 引 言

以下通过一个例子理解函数的使用。

【例 9.1】编程求 1+2+⋯+10 和 1+2+⋯+50 的值并输出。

按照之前学过的知识，可以很容易地写出如下程序：

```
#include<stdio.h>
int main()
{
    int i, s = 0;
    for (i = 1; i <= 10; i++)
        s += i;
    printf("1+2+…+10=%d\n", s);
    s = 0;
    for (i = 1; i <= 50; i++)
        s += i;
    printf("1+2+…+50=%d\n", s);
    return 0;
}
```

在上面这个程序中可以看到两段几乎相同的代码，这两段代码所执行的功能、操作是一样的，只是针对的数据不一样，这个时候，可以将这段功能写成一个函数模块，在需要用到的时候调用即可，这样就避免了代码的重复。此外，如果不写成函数的形式，若代码出现错误，则需要修改两次；反之，若写成函数的形式，则只需修改一次即可。

例如，例 9.1 中，如果把求 1+2+⋯+n 的值定义成一个函数，则只需在 main( )函数中调用两次即可，编写程序如下：

```
#include<stdio.h>
void sum(int n)
{
    int i, s = 0;
    for (i = 1; i <= n; i++)
        s += i;
    printf("1+2+…+%d=%d\n", n, s);
}
int main()
{
    sum(10);
    sum(50);
    return 0;
}
```

由此可见，函数是一个命名的程序段，负责完成特定的、相对独立的功能。在程序设计中，可以根据程序的逻辑和任务的分工把实现任务的代码划分到不同的自定义函数中。main( )更关心业务逻辑和处理流程，在需要执行具体任务的时候，直接调用这些自定义的函数。

从定义的角度，函数分为库函数和用户自己定义的函数。

（1）库函数

C 语言的编译系统为用户提供了一组预先设计并编译好的函数来实现各种常用的功能，如 sqrt( )、exp( )等。这些函数被组织在函数库中，称为库函数。用户可直接调用这些函数，实现特定的功能。在进行程序设计时，要尽可能利用 C 标准库提供的函数，从而减少程序开发时间。

每个标准库都有对应的头文件，包含该库中所有函数的函数原型和这些函数所需的各种数据类型和常量的定义。当使用某个库函数时，应在程序开头，用#include 预处理指令将对应的头文件包含进来。例如：

```
#include <math.h>
```

在头文件中，某个库函数的函数原型说明了该库函数的名字、参数个数及类型、函数返回值的类型等信息。

例如，数学库函数 sqrt( )的函数原型是“double sqrt (double);”，从该原型中可以知道，函数名为 sqrt，它有一个类型为 double 的参数，函数返回值的类型也为 double。

调用一个库函数时，需要知道它完成什么功能，能得到什么结果。例如，数学库函数 sqrt( )的功能是求一个浮点数的平方根；数学库函数 fabs( )的功能是求一个浮点数的绝对值。在这里可以完全不用关心这个函数的功能是通过什么具体的计算过程实现的，是谁实现的，因为提供这些库函数的目的就是为了方便地使用它们，提高编写程序的效率。

调用库函数时，应遵循如下格式：

函数名(函数参数)

调用一个库函数时，通常使用函数名，并在其后加一对圆括号，圆括号是函数调用的标志，其内部是函数参数(或用逗号分隔的参数表)，函数参数可以为空，但圆括号不能少。这里要求提供的函数名以及参数的数目和类型必须与函数原型一致。

例如，下列语句计算和输出 100.0 的平方根：

```
printf("%lf",sqrt(100.0));
```

(2) 用户自己定义的函数

用户可以把自己的算法编成一个个相对独立的函数模块，然后通过调用这些函数，实现特定的功能。

一般而言，这样的程序片段应该定义为函数：重复出现的相同/相似计算片段，可设法定义为函数，能缩短程序，提高可读性和易修改性；复杂的较大系统中有逻辑独立性的片段，即使出现一次也可定义为函数，以分解复杂性。

9.2 函数的定义、声明、返回值及调用

9.2.1 函数定义

函数定义就是编写完成该函数功能的程序代码块。一个函数定义包括函数首部和函数体两个部分。

函数定义的格式如下：

```
函数返回类型  函数名(形式参数列表) {
    语句;
}
```

其中，“函数返回类型”“函数名”“形式参数列表”一起被称为函数首部。一对花括号“{}”以及其中的语句一起构成函数体。

下面对函数的定义格式进行说明。

“函数返回类型”指明了函数的类型，即该函数返回值的数据类型。它可以是除 C 数组之外的任何有效C数据类型。如果不需要函数有返回值，则可指定返回值类型为 void。

“函数名”是任何有效的C标识符，函数名后必须有一对圆括号“()”，以区别其他的用户定义标识符，如变量名等。

“形式参数列表”写在圆括号中，指明形式参数（简称形参）的类型、名称和个数。每个形参由参数类型和参数名表示，可以是各种类型的变量。有多个形参时，用逗号间隔。函数也可以没有形参，这时形式参数列表为“void”或空白，但圆括号不可少。函数如果从是否带有参数的角度看，可以分为有参函数和无参函数两类。无参函数没有参数，不传递数据；有参函数的圆括号里有参数，在该函数被调用的时候，主调函数通过参数向该函数传递数据。

函数体实际上是一个复合语句。一对花括号“{}”指明了函数体的开始和结束，其中

可以包括一些声明语句和执行语句，用来完成具体的操作，实现函数的功能。

【例 9.2】输入两个整数，求两个数中较大的一个数。

编写程序如下：

```
#include<stdio.h>
int  max_1()                                    //无参函数
{
    int a, b, max;
    printf("Please  enter  two  integers:");
    scanf("%d%d", &a, &b);                      //数据在函数体内输入
    if (a > b)                                  //求出较大值
        max = a;
    else
        max = b;
    return max;                 //将较大值max作为函数的返回值
}
int main()
{
    int max;
    max = max_1();              //调用max_1()函数并将返回值赋值给max变量
    printf("%d\n", max);
    return 0;
}
```

或者写成如下程序：

```
#include<stdio.h>
//有参函数，a、b的值由参数传递得到，不需要再输入
int  max_2(int a, int b)
{
    int max;
    if (a > b)
        max = a;
    else
        max = b;
    return max;
}
int main()
{
    int a, b, max;
    //在主函数中输入a、b的值
    scanf("%d%d", &a, &b);
    //调用max_2()函数并将返回值赋值给max变量
    max = max_2(a, b);
```

```
        printf("%d\n", max);
        return 0;
    }
```

说明：

1）形式参数的说明必须写在函数体的外面，并且需要注意：同类型函数形参应声明为(int a, int b)而不是(int a, b)，形式参数表中的每个形参都应显式指定数据类型。

2）函数体内用到的变量必须在函数体内进行说明。

3）函数返回类型与函数体中用于返回值的变量类型一般来说应保持一致。例如，在上例中，函数类型是 int，函数体中用于返回值的变量为 max，该变量也为 int 型。

4）如果在定义函数时不指定函数返回类型，系统会隐含指定该类型为 int 型。例如，int max(int x,int y)与 max(int x,int y)是等价的。

5）C 语言中允许定义空函数，格式如下：

```
类型标识符    函数名( ) {        }
```

调用时，空函数不进行任何操作，没有任何实际作用，只是在程序中占一个位置，以后用一个编好的函数来代替。这样做的好处是便于程序扩充新功能。

6）在C源程序中，一个函数的定义既可放在主函数 main( )之前，也可放在 main( )之后。但是所有的函数定义，包括主函数 main( )在内，都是平行的。C程序不允许在一个函数的函数体内再定义另一个函数。例如，如下程序段：

```
int  main() {
    //…
    int f()
    {
        //…
    }
    //…
}
```

上述写法是错误的。

9.2.2 函数声明

定义一个函数是为了以后的调用，如果函数调用在前而函数定义在后，就会产生编译错误。为此，必须将函数定义放在前面或者在调用函数之前进行函数声明。通过函数声明可以消除函数定义的位置影响。

函数声明也称为函数原型。函数声明包括编译系统函数的名称、函数返回类型、函数要接收的参数个数、参数类型和参数顺序。编译系统将根据函数声明对函数调用进行检查，以保证函数名正确，参数个数、参数类型和参数顺序一致，并按照函数返回的类型对返回值做相应的处理。

函数声明的内容应与函数定义时的函数首部相同，一般集中放在源程序的前面。

函数声明的形式如下：

```
函数返回类型    函数名(形式参数列表);
```

例如：

```
void max_2(int a, int b);
void max_1();
```

注意：函数声明时不要忘记末尾的分号“;”。

对于有参函数在声明时也可以省略形式参数的名称，但类型不能省略。例如：

```
void max_2 (int , int);
```

需要注意的是函数的“定义”和“声明”是不同的。“定义”是指对函数功能的确定，包括指定函数名、函数值类型、形参及其类型、函数体等，它是一个完整的独立的函数单位；“声明”也称为函数原型，作用是把函数的名字、函数类型以及形参的类型、个数和顺序通知编译系统，以便在调用该函数时系统按此进行对照检查。函数声明是没有函数体的。

9.2.3 函数的返回值

通过函数调用使主调函数得到一个确定的值，这就是函数的返回值。在 C 程序中，定义的函数可以有返回值，也可以没有返回值。根据返回值的情况，函数可以分为无返回值函数和有返回值函数两类。

函数的返回值是通过函数中的 return 语句获得的。return 语句将被调用函数中的一个确定值带回到主调函数中。如果需要从被调用函数中带回一个函数值，则被调用函数中必须包含 return 语句；如果不需要从被调用函数中带回一个函数值，则可以不要 return 语句。一个函数中可以有一个以上的 return 语句，执行到哪一个 return 语句，哪一个就起作用。例如，如下程序段：

```
int max(int x , int y) {
     if (x>y)    return x;
     else        return y;
}
```

return 语句的使用形式如下：

```
return (表达式);        //返回表达式的值
return 表达式;          //不写括号，作用同上
return;                 //不返回值
```

在定义函数时，对函数返回类型说明一般应该与 return 中表达式的值的类型一致。当函数值的类型和 return 语句中表达式的值的类型不一致时，以函数返回类型为准。对数值型数据，可自动进行类型转换。

【例 9.3】当输入“1.5, 2.5”时，分析程序的运行结果。

```
#include<stdio.h>
int max(float x, float y) {
   float z;
```

```
    z = x > y ? x : y;
    return z;
}
int main()
{
    float a, b, c;
    scanf("%f,%f", &a, &b);
    c = max(a, b);
    printf("max is %f\n", c);
    return 0;
}
```

在该例中，我们希望得到 1.5 和 2.5 中的较大值，也就是 2.5。但是，程序中函数返回类型为 int，return 语句中表达式 z 的类型为 float，此时以函数返回类型为准，因此返回值截断为 2，所以输出结果为“max is 2”。这与我们想要的结果不一致，所以书写程序时应注意这一点。

为了明确表示函数“不返回函数值”，可以用 void 将函数定义为“无类型”（即“空类型”），这样系统就保证不使函数返回任何值。例如，如下程序段：

```
#include<stdio.h>
void printstar() {printf("****************\n"); }
int main() {
    printstar();
    return 0;
}
```

9.2.4 函数调用

函数定义只是确定了函数要完成的功能，但要实际实现该功能必须执行它。在程序中，是通过对函数的调用来执行该函数的。

一个C程序的执行总是从 main( )函数开始，main( )函数的所有语句执行完，则整个程序执行结束。而其他函数需要通过 main( )函数直接或间接地调用来引发执行。注意：main( )函数是主函数，它可以调用其他函数，而不允许被其他函数调用。

函数调用要指定函数名和提供被调用函数完成工作所需的信息（作为参数）。函数调用的一般形式如下：

    函数名(实际参数列表)

其中，函数名是用户自定义的函数名或系统预定义的库函数名。实际参数列表对应于函数定义时的“形式参数列表”，实际参数（简称实参）是调用函数时所提供的信息，可以是常量、变量或表达式。多个实参之间用逗号分隔，实参和形参必须一一对应，即个数相等、类型一致。如果调用的是无参函数，则实际参数列表为空，但圆括号不可少。

函数调用过程中的流程控制是这样的：当在一个函数（称为主调函数）中调用另一个函数（称为被调函数）时，主调函数的执行暂时中断，程序执行控制权转移到被调函数，使该函数从函数体起始位置开始，顺序执行各语句，直到遇到 return 语句或者遇到函数体结束的右花括号“}”为止，被调函数执行完毕并返回。函数返回使执行控制权回到主调函数，主调函数再从原来中断点之后继续执行下去。

以例 9.2 中的有参函数为例，函数调用过程示意图如图 9-1 所示。

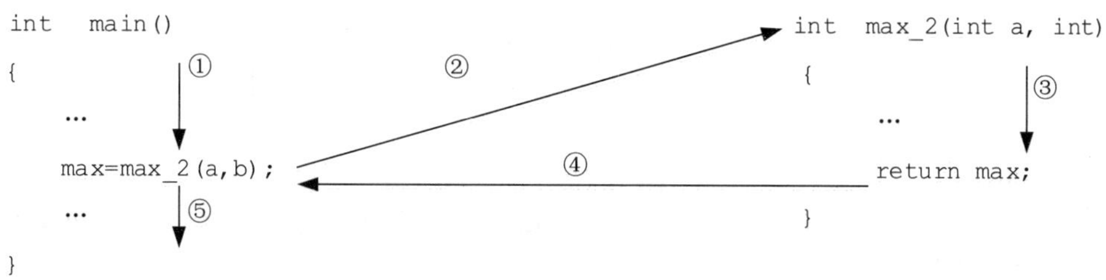

图 9-1　函数调用过程示意图

在图中，序号①～⑤为程序的流程控制，程序从 main( )函数开始执行，执行到函数调用语句“max=max_2(a,b);”时，转至 max( )函数的定义处开始往下执行，执行完语句“return max;”以后，返回调用 max 函数的地方（即 main( )函数中相应的语句处），接着往下执行，直至 main( )函数结束。

C 语言的函数定义都是互相平行、独立的，因此 C 语言中不能嵌套定义函数，但可以嵌套调用函数，即在调用一个函数的过程中，又可以调用另一个函数。

【例 9.4】分析以下程序的运行结果。

```
#include <stdio.h>
int fun2(int a, int b) {                          //函数fun2()的定义
    int c;
    c = a * b % 3;
    return c;
}
int  fun1(int a, int b) {                         //函数fun1()的定义
    int c;
    a += a; b += b;
    c = fun2(a, b);
    return  c * c;
}
int  main() {                                     //主函数的定义
    int x = 12, y = 16;
    printf("%d\n", fun1(x, y));
    return 0;
}
```

在该程序中，main( )函数通过 printf( )函数调用 fun1( )函数，fun1( )函数又调用了 fun2( )函数，所以这是一个函数的嵌套调用。首先，从 main( )函数开始执行，要求输出 fun1( )函数的值；程序流程转向 fun1( )函数的定义处，同时，将实参 x 的值传给形参 a，实参 y 的值传给形参 b，因此 a=12，b=16，执行完“a+=a; b+=b;”后 a 变为 24，b 变为 32，然后执行

“c=fun2(a,b);”；程序流程转向 fun2( )函数的定义处，同时把实参的值传给形参，a=24，b=32，执行完“c=a*b%3;”后，c 为 0，执行“return c;”，fun2( )函数执行完毕；返回调用它的地方，即“c=fun2(a,b);”处，求出 c 值为 0，执行“return c*c;”，即返回 0，fun1( )函数执行完毕；返回调用它的地方，即“print("%d\n",fun1(x,y));”处，输出 0，程序执行完毕。

9.3 函数参数传递

9.3.1 形式参数和实际参数

在调用带参数的函数时，需要进行参数传递。参数传递提供了主调函数和被调函数之间交换信息的渠道。

定义一个有参函数时，函数名后面圆括号“( )”中的参数称为形式参数，简称形参。形参可以是各种类型的变量，定义时必须指出形参的个数、类型和名字。有多个形参时，各参数之间用逗号间隔。

函数在未被调用时，形参没有确定值，只是形式上的参数，并且形参只能在该函数内部使用；在调用一个有参函数时，函数名后面圆括号“( )”中的参数称为实际参数，简称实参。实参可以是常量、变量、表达式等。函数调用时，实参必须具有确定的值，以便在调用时将该值传递给对应的形参，使形参获得相应的值。

注意：在函数调用时，实参和形参的个数应相等，类型应一致，并按照顺序一一对应传送。形参和实参的功能是进行数据传递。当调用函数时，把实参的值传递给形参从而实现主调函数向被调函数的数据传递，并使形参具有确切的含义，即具有对应的存储空间和初始值。C 语言中函数的参数传递有两种方式：一种是传值调用，另一种是传地址调用。本节先讲传值调用方式，传地址调用将在第 10 章讨论。

9.3.2 传值调用

传值调用是指根据实参和形参的对应关系将实参的值复制一个副本给形参，供被调函数执行时使用。函数只有被调用时，才给形参分配内存单元，接收从实参那里传递过来的值。在函数调用结束后，将释放其所分配的内存单元。

注意：函数传值调用时，参数传递是单向的，即只能把实参的值传递给形参，而不能把形参的值反向地传回给实参。如果被调函数要将数据传给主调函数，只能通过返回值这一途径。

【例 9.5】分析以下程序的运行结果。

```
#include <stdio.h>
void swap(int x, int y) {
    int t;
    printf("before swap: x=%d,y=%d\n", x, y);
    t = x;          x = y;      y = t;
    printf("after swap: x=%d,y=%d\n", x, y);
}
int main() {
```

```
    int a = 2, b = 3;
    swap(a, b);
    printf("after swap: a=%d,b=%d\n", a, b);
    return 0;
}
```

程序从 main( )函数入口处开始执行，执行到“int a=2,b=3;”时，系统给变量 a、b 分配内存单元，然后执行函数调用语句“swap(a,b);”，转至函数 swap 的定义地址，系统给形参 x、y 分配内存单元，同时将实参的值传给形参，传值过程图如图 9-2 所示。

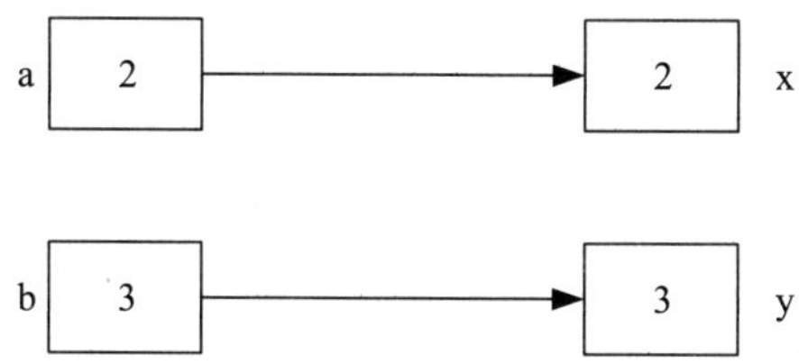

图 9-2 形参与实参的传值过程图

执行完“printf("before swap: x=%d,y=%d\n",x,y);”之后，输出“before swap: x=2,y=3”；执行完“t=x; x=y; y=t;”之后，x 变为 3，y 变为 2；执行完“printf("after swap: x=%d,y=%d\n",x,y);”之后，输出“after swap:x=3,y=2”，swap( )函数调用完毕，x、y 的内存单元被释放。

流程回到 main( )函数，执行“printf("after swap: a=%d,b=%d\n",a,b);”，由于是单向传递，所以 a、b 的值仍然是 2、3，从而输出为“after swap: a=2,b=3”。

从这个例子可以发现，形参的值发生改变并不会导致实参的值也发生变化。

9.4 函数的递归调用

在调用一个函数的过程中又出现直接或间接地调用该函数本身，称为函数的递归调用。例如，如下程序段：

```
int f( int  x) {
    int y, z;
    //…
    z=f(y);                                    //调用f()函数本身
    //…
   return 2 * z;
}
```

画出其流程图，如图 9-3 所示。

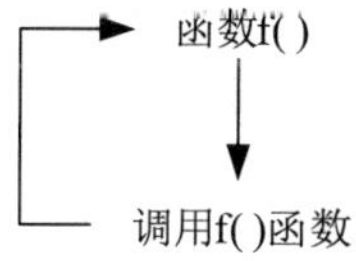

图 9-3 直接递归调用流程图

又如：

```
int f1(int x) {
    int y, z;
    //…
    z = f2(y);                                    //调用f2()函数
    //…
    return 2 * z;
}
int f2(int t) {
    int a, c;
    //…
    c = f1(a);                                    //调用f1()函数
    //…
    return 2 * c;
}
```

画出其流程图，如图 9-4 所示。

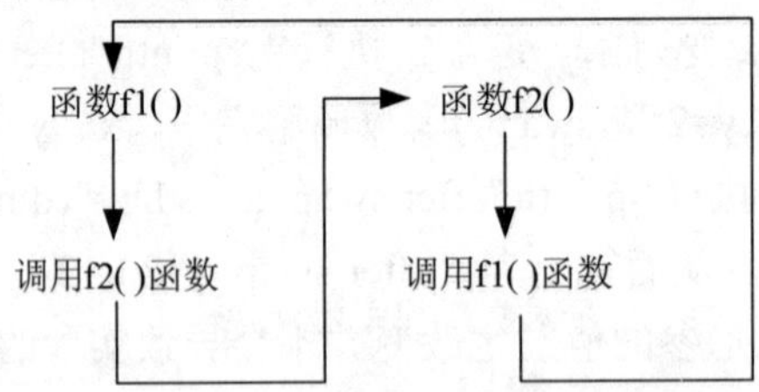

图 9-4 间接递归调用流程图

从图 9-3 和图 9-4 可以看出，这两种递归调用都是无终止的自身调用。显然，程序中不应该出现这种无终止的递归调用，而只能出现有限次数的、有终止的递归调用，这可以用 if 语句来控制，只有在某一条件成立时才继续执行递归调用，否则就不再继续。

递归方法实际上体现了“以此类推”“用同样的步骤重复”这样的思想。下面通过如下程序段理解递归的过程。

```
#include <stdio.h>
long f(int n) {
    if (n <= 1)
        return 1;
    return n * f(n - 1);
}
int main() {
    printf("%d!=%ld\n", 5, f(5));
    return 0;
}
```

上例中，程序要求计算出 f(5)并输出。因为 f(5)=5*f(4)，所以 f(5)需要拆解成 f(4)子问题进行求解，以此类推 f(4)=4*f(3)也需要进一步拆分，直到 f(1)，这是“递”的过程。f(1)

解决后，依次可以解决 f(2)、f(3)、…、f(5)，这是“归”的过程。该过程示意图如图 9-5 所示。

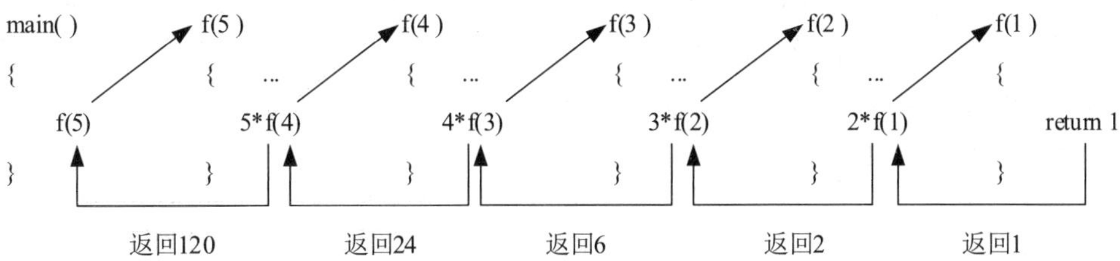

图 9-5　递归调用过程示意图

在图中，上面一排斜箭头为“递”，下面一排箭头为“归”。从该例可以看出，递归就是把问题拆解成具有相同解决思路的子问题，直到最后被拆解的子问题不能够拆分，这个过程是“递”。当解决了最小粒度可求解的子问题后，在“归”的过程中顺其自然地解决最开始的问题。

一个问题只要同时满足以下 3 个条件，就可以用递归来解决：①问题可以被分解成几个子问题，也就是数据规模更小的问题；②问题和子问题除了数据规模不同，求解思路完全一样；③存在递归终止条件。

【例 9.6】用递归函数求两个数 m、n 的最大公约数。

分析：假设函数 int gcd(int m, int n)的值是两个数 m、n 的最大公约数，则根据阿基米德算法 gcd(m,n)=gcd(n,m%n)，该过程可以不断进行，直到 n 为 0 时，m 即为所求的最大公约数，所以它满足递归的 3 个条件。

根据上述分析，编写代码如下：

```
#include <stdio.h>
int gcd(int m, int n) {
    return n == 0 ? m : gcd(n, m % n);
}
int main() {
    int m, n;
    printf("请输入两个整数: ");
    scanf("%d%d", &m, &n);
    printf("%d和%d最大公约数为%d \n", m, n, gcd(m, n));
    return 0;
}
```

【例 9.7】一只青蛙一次可以跳上一级台阶，也可以跳上两级台阶。试编写程序求该青蛙跳上一个 n 级的台阶总共有多少种跳法（n 由用户从键盘输入）。

分析：首先，分析该题是否满足递归的 3 个条件。假设青蛙跳上一个 n 级的台阶总共有 f(n)种跳法，则它跳上一个 n−1 级台阶总共有 f(n−1)种跳法，跳上一个 n−2 级台阶总共有 f(n−2)种跳法……，台阶数由 n 变为 n−1,n−2…，数据规模变小，求解思路相同，满足条件①、②；当 n=1 时，f(1)=1，当 n=2 时，f(2)=2，因此存在递归终止条件，满足条件③。所以，这道题能够采用递归的方法。

每次跳的时候，小青蛙可以跳一级台阶，也可以跳两级台阶，也就是说，每次跳的时候，小青蛙有两种跳法。第一种跳法：第一次跳了一级台阶，那么还剩下n−1级台阶没跳，剩下的n−1级台阶的跳法有f(n−1)种；第二种跳法：第一次跳了两级台阶，那么还剩下n−2级台阶没跳，剩下的n−2级台阶的跳法有f(n−2)种。所以，小青蛙的全部跳法就是这两种跳法之和，即f(n)=f(n−1)+f(n−2)。至此，等价关系式就求出来了。

根据上述分析，编写代码如下：

```
#include <stdio.h>
int f(int n) {
    if (n == 1)
        return 1;
    else if (n == 2)
        return 2;
    else
        return f(n - 1) + f(n - 2);         //递归调用
}
int main() {
    int n;
    printf("请输入台阶数: ");
    scanf("%d", &n);
    printf("共有%d 种跳法\n", f(n));
    return 0;
}
```

9.5 数组作函数参数

用变量作为函数的参数时，实参变量对形参变量的数据传递是“值传递”，在函数调用过程中，形参值的变化并不会改变主调函数中实参的值。

在C语言中，数组元素和数组名也可以作为函数参数。数组元素作函数实参，用法与变量相同。数组名作为函数的实参和形参，传递的是数组的首地址。

9.5.1 数组元素作函数实参

由于实参允许是表达式的形式，数组元素可以是表达式的组成部分，因此数组元素可以作为函数的实参。与变量作实参一样，作为实参的数组元素向形参变量传递数据时也是单向的“值传递”。分析以下程序的运行结果。

```
#include <stdio.h>
int max(int x, int y) {
    int t;
    if (x < y) {                              //两数交换
        t = x;     x = y;     y = t;
    }
```

```
    printf("x=%d, y=%d\n", x, y);
    return x;
}
int main() {
    int m, a[2] = { 3, 5 };
    m = max(a[0], a[1]);                    //函数调用
    printf("max=%d\n", m);
    printf("a[0]=%d, a[1]=%d\n", a[0], a[1]);
    return 0;
}
```

该程序中 a[0]和 a[1]两个数组元素作为实参，相当于整型变量作实参，此时是将实参的值传递给形参，是单向传递，因此形参的变化不会影响实参。运行结果如下：

```
x=5, y=3
max=5
a[0]=3, a[1]=5
```

9.5.2　数组类型作函数参数

用数组类型作函数参数时，形参类型应为数组类型（或指针类型），实参应为同类型的数组名。这时传递的是数组的首地址。

用数组类型作函数参数时，不会按照值传递把实参数组的每一个元素的值都复制给形参数组的相应元素，而是按照地址传递的方式（类似第 10 章所讲指针传递），把实参数组的首地址赋给形参数组。这样，形参数组和实参数组实际为同一数组，拥有同一段内存空间。

此外，因为编译器会把数组类型的参数退化成指针类型处理，所以函数仅仅根据形参数组是无法计算所传入的实参数组的元素个数的，这就需要另设一个参数表明需要传入函数的数组元素的个数。

因此，数组类型作为函数参数时，其参数设置一般如下：

```
void f(int a[ ], int n);   //a 表示数组类型，n 表示元素个数
```

【例 9.8】有一个一维数组 score，内放 30 名学生的成绩，定义一个函数求平均成绩；在主函数中输入 30 名学生的成绩，调用求平均成绩的函数并输出。

编写程序如下：

```
#include <stdio.h>
#define N 30
float average(float array[],int  n) {                //数组作形参
    int i; float aver, sum = 0;
    for (i = 0; i < n; i++)
        sum = sum + array[i];
    aver = sum / n;
    return aver;
}
int main() {
```

```
    int i;
    float score[N], aver;
    printf("input 30 scores:\n");
    for (i = 0; i < N; i++)
       scanf("%f", &score[i]);
    aver = average(score,N);                    //调用函数,用数组名作实参
    printf("average score is %5.2f\n", aver);
    return 0;
}
```

说明：

1）用数组名作函数参数时，必须在主调函数和被调用函数中分别定义数组，不能只在一方定义。如上例，score、array 分别是实参、形参数组名。

2）实参数组和形参数组的类型必须一致，否则会出错。

3）实参数组和形参数组的大小可以一致，也可以不一致，但形参数组长度必须足够大。C 编译时对形参数组大小不做检查，只是将实参数组的首地址传给形参数组。

4）用数组名作函数实参时，不是把数组的值传递给形参，而是把实参数组的起始地址（首地址）传递给形参数组，即“地址传递”，这样形参数组和实参数组共占同一段内存单元，形参数组不重新分配内存空间，如图 9-6 所示。

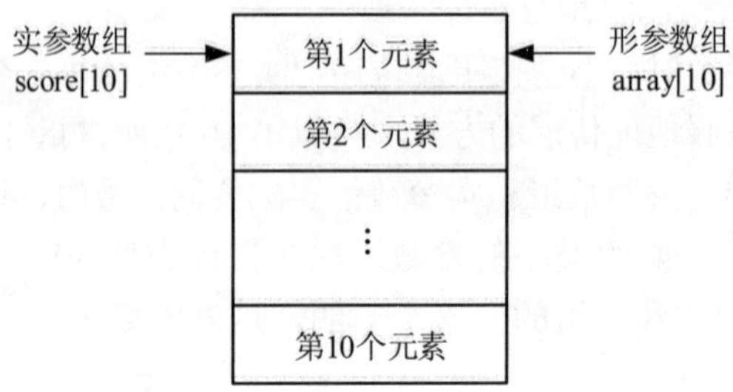

图 9-6　实参数组与形参数组共用同一段内存单元

用普通变量作函数参数时，所进行的值传递是单向的，只能从实参传向形参，不能从形参传回实参。形参的初值和实参相同，但形参的值发生改变后，实参的值并不变化，两者的终值是不同的。而当用数组作函数参数时，情况有所不同。由于实际上形参和实参为同一数组，因此当形参数组发生变化时，实参数组也随之变化。

函数调用过程中，形参数组中各元素的值如果发生变化，就会使实参数组元素的值同时发生变化。这一点与变量作函数参数的情况不同。在程序设计中可以有意识地利用这一特点改变实参数组元素的值。

9.6　变量的作用域与存储类型

9.6.1　变量的作用域

变量的作用域是指一个变量在程序中可以被使用的范围，即在这个范围内使用该变量

是合理的，而在这个范围之外，该变量是不能被使用的。

C 语言中的变量，按照作用域范围可分为两种，即局部变量和全局变量。

1. 局部变量

在一个函数内部定义的变量是内部变量，它只在本函数范围内有效，也就是说，只有在此函数内才能使用它们，在此函数之外是不能使用这些变量的，这种变量称为局部变量。其作用域起始于声明（或定义）所在的程序行，终止于函数结束的程序行。例如，如下程序段：

```
int f1(int a)
{   int  b, c ;                  a,b,c 的有效范围
    …
}
char f2(int m , int n)
{   int  b, c ;                  m,n,b,c 的有效范
    …
}
int main()
{   int  i,j;                    i,j 的有效范围
    …
}
```

说明：

1）main( )函数中定义的变量只在 main( )函数中有效，main( )函数也不能使用其他函数中定义的变量。

2）在不同函数中可以使用相同名字的变量，它们代表不同的对象，互不干扰。例如，函数 f1( )中的 b、c 和 f2( )中的 b、c 互不干扰，占用不同的内存单元。

3）形参也是局部变量，只在该函数中起作用。例如，函数 f1( )中的形参 a 和 f2( )中的形参 m、n 都只在相应的函数内有效。

4）一个函数内部，可以在复合语句中定义变量，这些变量只在这个复合语句中有效，这种复合语句也称为“分程序”或“程序块”。例如，如下程序段：

```
int main()
{    int  a, b ;
     …
     {    int t ;
          t=a;             t 的有效范围          a,b 的有效范围
          …
     }
     …
}
```

【例 9.9】分析以下程序的运行结果。

```
#include <stdio.h>
```

```
int sum(int m, int n) {
    //m,n,i,s 都是局部变量，只能在 sum() 内部使用
    int i, s = 0;
    for (i = m; i <= n; i++)
        s += i;
    return s;
}
int main() {
    int begin = 5, end = 15;
    //begin,end,s也都是局部变量，只能在main()内部使用
    int s = sum(begin, end);
    printf("The sum from %d to %d is %d\n", begin, end, s);
    return 0;
}
```

观察程序，可以发现所有的变量都是在函数内部定义的，因此它们都是局部变量。其中，在 sum( )函数中有变量 s，在 main( )函数中也有变量 s，但它们代表不同的对象，互不干扰。程序从 main( )函数开始执行，调用 sum( )函数，把实参 begin 的值 5 传给形参 m，end 的值 15 传给形参 n，循环结束后，求得 s 的值为 5+6+…+15=110，通过 return 语句将 s 的值传给 main( )函数中的 s，因此，程序运行结果如下：

```
The sum from 5 to 15 is 110
```

2. 全局变量

在函数之外定义的变量称为外部变量。外部变量是全局变量。全局变量可以为本文件中其他函数所公用。它的作用域从定义变量的位置开始到本源文件的末尾处结束。在一个函数中既可以使用本函数中的局部变量，又可以使用有效的全局变量。例如，如下程序段：

```
int  m=1 , n=5 ;
float f1(int a) {
   int  b, c ;
     …
}
char  c1, c2 ;
char f2( int x , int y)
{   int  i, j ;
     …
}
int main( )
 {   int  p, q;
     …
 }
```

全局变量 c1,c2 的有效范围

全局变量 m,n 的有效范围

说明：

1）设置全局变量的作用是增加函数之间数据联系的渠道，在函数之间共享数据。

由于一个文件中的所有函数都能引用全局变量的值，因此，如果在一个函数中改变了全局变量的值，就会影响其他函数，相当于各个函数之间有直接的传递通道。由于函数的调用只能返回一个值，因此，可以利用全局变量增加函数之间联系的渠道，从函数中得到多个值。

2）建议尽量不要使用全局变量，考虑如下 3 个原因。

① 全局变量在程序执行的全过程占用内存单元，增加了内存开销。

② 虽然它增加了函数之间的联系，但会使程序的通用性、可靠性降低。

③ 会降低程序的清晰性。在各个函数的执行过程中都可能改变全局变量（外部变量）的值，程序容易出错。

3）如果在同一个源文件中，外部变量和局部变量同名，则在局部变量的作用范围内，外部变量被“屏蔽”，即它不起作用。

【例 9.10】 定义一个函数，根据长方体的长、宽、高，求它的体积以及 3 个面的面积。

分析：根据题意，希望借助一个函数得到 4 份数据：体积 v，以及 3 个面的面积 s1、s2、s3。遗憾的是，C 语言中的函数只能有一个返回值，只能将其中的一份数据（如体积 v）放到返回值中，其他 3 份数据（如面积 s1、s2、s3）只能保存到全局变量中。

编写程序如下：

```
#include <stdio.h>
//定义3个全局变量，分别表示3个面的面积
int s1 = 0, s2 = 0, s3 = 0;
int vs(int length, int width, int height) {
    int v;                                          //体积，为局部变量
    v = length * width * height;
    s1 = length * width;
    s2 = width * height;
    s3 = length * height;
    return v;
}
int main() {
    int v = 0;
    v = vs(15, 20, 30);
    printf("v=%d, s1=%d, s2=%d, s3=%d\n", v, s1, s2, s3);
    v = vs(5, 17, 8);
    printf("v=%d, s1=%d, s2=%d, s3=%d\n", v, s1, s2, s3);
    return 0;
}
```

全局变量 s1、s2、s3 定义在程序开头，所以在函数 vs( )和 main( )中都有效。在 vs( )中将求得的面积放到 s1、s2、s3 中，在 main( )中能够顺利获取它们的值。这说明：在一

个函数内部修改全局变量的值会影响其他函数，全局变量的值在函数内部被修改后并不会自动恢复，它会一直保留该值，直到下次被修改。全局变量也是变量，变量只能保存一份数据，一旦数据被修改，原来的数据就会被冲刷掉，再也无法恢复，所以不管是全局变量还是局部变量，一旦它的值被修改，这种影响都会一直持续下去，直到再次被修改。

9.6.2 变量的存储类型

1. 动态存储方式与静态存储方式

按照变量的作用域，可将变量分为局部变量和全局变量；还可以从变量的生存期来分，将变量分为静态存储变量和动态存储变量。静态存储是指在程序运行期间分配固定的存储空间；动态存储则是指在程序运行期间根据需要进行动态地分配存储空间。

内存中供用户使用的存储空间分为3部分：程序区、静态存储区和动态存储区。

程序区存放程序代码。全局变量全部存放在静态存储区，在程序开始执行时给全局变量分配存储区，程序执行完毕就释放。在程序执行过程中它们占据固定的存储单元，而不是动态地进行分配和释放。

动态存储区存放以下数据。

1）函数形式参数。

2）自动变量（未加 static 声明的局部变量）。

3）函数调用时的现场保护和返回地址。

对以上这些数据，在函数开始调用时分配动态存储空间，函数结束时释放这些空间。

在 C 语言中，每个变量和函数都有两个属性：数据类型（如 int, char, float 等）和数据的存储类别。数据的存储类别指的是数据在内存中存储的方法，分为两大类：静态存储类和动态存储类。其具体包括自动变量（auto）、静态局部变量（static）、寄存器变量（register）、外部变量（extern）。

2. 自动变量

函数中的局部变量，如不专门声明为 static 存储类别，都是动态地分配存储空间，数据存储在动态存储区中。

函数中的形参和在函数中定义的变量（包括在复合语句中定义的变量）都属于此类，在调用该函数时系统会给它们分配存储空间，在函数调用结束时自动释放这些存储空间。这类局部变量称为自动变量。自动变量用关键字 auto 进行存储类别的声明。例如，如下程序段：

```
int f(int a) {                         //a为形参，是自动变量
    auto int b,c=6;                    //定义b,c自动变量
     //…
}
```

a 是形参，b、c 是自动变量，对 c 赋初值 6。执行完 f( )函数后，自动释放 a、b、c 所占的存储单元。

这里的关键字 auto 可以省略，不写 auto，则隐含意为“自动存储类别”，属于动态存储方式。

3. 静态局部变量

在局部变量的说明前加上 static 说明符就构成了静态局部变量。例如：

```
static int a,b;
```

静态局部变量属于静态存储方式，它具有以下特点。

1）自动变量定义在函数或块中，当程序运行到变量定义所在的行时，该变量就存活；退出它所在的作用域（定义所在的函数或块）时，该变量从内存中被撤销。静态局部变量也定义在函数或块中，但是它会始终存在，即使退出它所在的作用域，该变量也不会马上从内存中被撤销，直到整个程序结束。也就是说，它的生存期为整个源程序的运行期间。

2）静态局部变量的生存期虽然为整个源程序的运行期间，但是其作用域仍与自动变量相同，即只能在定义该变量的函数内使用该变量。退出该函数后，尽管该变量还继续存在，但不能使用它。因此，静态局部变量是唯一一类作用域与生存期不一致的变量。

3）对基本类型的静态局部变量若在说明时未赋以初值，则系统自动赋予 0 值。而对自动变量不赋初值，则其值是不定的。

4）对静态局部变量是在编译时赋初值的，即只赋初值一次，以后每一次调用时的初值就是上次函数调用结束时的值（变量值具有连续性）。自动变量赋初值，不是在编译时进行，而是在函数调用时进行，每调用一次重新赋初值一次。因此，当多次调用一个函数且要求在调用时保留某些变量的值时，可考虑采用静态局部变量。虽然用全局变量也可以达到上述目的，但全局变量有时会造成意外的副作用，因此，仍以采用局部静态变量为宜。

【例 9.11】 在主函数中调用 5 次求阶乘的函数，打印 1 到 5 的阶乘值。要求在求阶乘的函数中采用静态局部变量。

分析：设 fac(int n)函数是求阶乘的函数，由于阶乘的性质，fac(n)的值为 fac(n−1)的值乘以 n，因此，前一次调用阶乘的结果需要保留，可以把它定义成静态局部变量。

编写程序如下：

```
#include <stdio.h>
int  fac(int n) {
    //f为静态局部变量，其值在函数调用完毕后不释放
    static int f = 1;
    f = f * n;
    return f;
}
int main() {
    int j;
    for (j = 1; j <= 5; j++)                      //连续5次调用函数
        printf("%d!=%d\n", j, fac(j));
    return 0;
}
```

由于静态存储变量的上述特点，在编程实践中应根据需要使用这类变量。

4. 寄存器变量

上述各类变量都存放在存储器内，因此当对一个变量频繁读写时，必须要反复访问内存储器，从而花费大量的存取时间。为此，C 语言提供了另一种变量，即寄存器变量。这种变量存放在 CPU 的寄存器中，使用时，不需要访问内存，直接从寄存器中读写，这样可以提高效率。寄存器变量的说明符是 register。对于循环次数较多的循环控制变量及循环体内反复使用的变量可以定义为寄存器变量。

【例 9.12】 求 1+2+…+1000。

编写程序如下：

```
#include <stdio.h>
int main() {
    register int i, s = 0;
    for (i = 1; i <= 1000; i++)
        s = s + i;
    printf("s=%d\n", s);
    return 0;
}
```

说明：

1）只有局部自动变量和形式参数可以作为寄存器变量。

2）一个计算机系统中的寄存器数目有限，不能定义任意多个寄存器变量。

3）局部静态变量不能定义为寄存器变量，如“register static int a,b,c;”，这种写法是错误的。不能把 a、b、c 既放在静态存储区中，又放在寄存器中，二者只能居其一。一个变量只能声明为一个存储类别。

5. 用 extern 声明外部变量

外部变量（即全局变量）是在函数的外部定义的，它的作用域从变量定义处开始，到本程序文件的末尾处结束。如果外部变量不在文件的开头定义，则其有效的作用范围只限于定义处到文件终了。如果在定义点之前的函数想引用该外部变量，则应该在引用之前用关键字 extern 对该变量做“外部变量声明”，表示该变量是一个已经定义的外部变量。有了此声明，就可以从“声明”处起，合理地使用该外部变量。

【例 9.13】 用 extern 声明外部变量，扩展程序文件中的作用域。

编写程序如下：

```
#include <stdio.h>
int max(int x, int y) {
    int z;
    z = x > y ? x : y;
    return z;
}
int main() {
    extern int A, B;                          //声明外部变量
```

```
    printf("%d\n", max(A, B));
    return 0;
}
int A = 3, B = 9;                                    //定义外部变量
```

说明：在本程序文件的最后一行定义了外部变量 A、B，由于外部变量定义的位置在函数 main( )之后，因此本来在 main( )函数中不能引用外部变量 A、B，但现在在 main( )函数中用 extern 对 A 和 B 进行“外部变量声明”，所以可以从“声明”处起，合理地使用该外部变量 A 和 B。

一般地，应该将外部变量的定义放在引用它的函数之前，避免在函数中多加一个 extern 声明。

6. 用 static 声明外部变量

如果希望在一个文件中定义的全局变量只限于在本文件中引用，那么可以在定义该外部变量时用 static 加以声明。例如，程序段如下：

```
file1.c:
static int A;
// 外部变量 A 只能在 file1.c 中使用
int main( ) {
  …
}
```

```
file2.c:
extern  int A;
//不能使用 file1.c 中的外部变量 A
void fun(int a) {
   …
   A=A*n;  }
```

上述源程序由 file1.c 和 file2.c 两个源文件组成。在 file1.c 中，定义了外部变量 A，其前面有关键字 static，说明外部变量 A 只能在 file1.c 中使用，因此，在 file2.c 中不能使用 file1.c 中的外部变量 A。

全局变量本身就是静态存储方式，静态全局变量当然也是静态存储方式。这两者在存储方式上并无不同。这两者的区别在于非静态全局变量的作用域是整个源程序，当一个源程序由多个源文件组成时，非静态的全局变量在各个源文件中都是有效的。而静态全局变量则限制了其作用域，即只在定义该变量的源文件内有效，在同一源程序的其他源文件中不能使用它。由于静态全局变量的作用域局限于一个源文件内，只能为该源文件内的函数公用，因此可以避免在其他源文件中引起错误。从以上分析可以看出，把局部变量改变为静态变量后是改变了它的存储方式，即改变了它的生存期。把全局变量改变为静态变量后是改变了它的作用域，限制了它的使用范围。因此，static 这个说明符在不同的地方所起的作用是不同的，应予以注意。

9.7 预编译处理

说到预处理，大家一定不会觉得陌生。在开始编写一个程序时，输入的第一行#include <stdio.h>就使用了预处理——包含头文件。在源程序中经常会使用以“#”号开头的预处理命令，如文件包含指令#include、宏定义命令#define 等。在源程序中这些命令都放在函数

之外，而且一般都放在源文件的前面，它们被称为预处理部分。

预处理是指在进行编译的第一遍扫描（词法扫描和语法分析）之前所做的工作。预处理是C语言的一个重要功能，它由预处理程序负责完成。当对一个源文件进行编译时，系统将自动引用预处理程序对源程序中的预处理部分做处理，处理完毕后自动进入对源程序的编译。

C语言提供了多种预处理功能，如文件包含、宏定义、条件编译等。合理地使用预处理功能能够使编写的程序便于阅读、修改、移植和调试，也有利于模块化程序设计。本节将介绍常用的几种预处理功能。

9.7.1 文件包含

文件包含是C预处理程序的一个重要功能。文件包含指令的一般形式为：

```
#include"文件名"
```

或

```
#include<文件名>
```

在前面，我们已多次使用此指令包含过库函数的头文件。例如：

```
#include<stdio.h>
#include<math.h>
```

文件包含指令的功能是把指定的头文件从#include 指令所在的行开始进行插入，从而把指定的文件和当前的源程序文件连成一个源文件。在程序设计中，文件包含是很有用的。一个大的程序可以分为多个模块，由多个程序员分别编程。有些公用的符号常量或宏定义等可单独组成一个文件，在其他文件的开头用文件包含指令包含该文件即可使用。这样，可避免在每个文件开头都去书写那些公用量，从而节省时间，并减少出错。

对文件包含指令还要说明以下几点。

1）包含指令中的文件名可以用双引号引起来，也可以用尖括号括起来。但是这两种形式是有区别的：使用尖括号表示在包含文件目录中查找（包含目录是由用户在设置环境时设置的），而不在源文件目录中查找；使用双引号则表示首先在当前的源文件目录中查找，若未找到才到包含目录中查找。一般来说，stdio.h 和 stdlib.h 等标准头文件都存放于系统路径下，所以使用尖括号和双引号都能够成功引入；而自己编写的头文件，一般存放于当前项目的路径下，所以不能使用尖括号，只能使用双引号。当然，也可以把当前项目所在的目录添加到系统路径，这样就可以使用尖括号了。

2）一个 include 命令只能指定一个被包含文件，若有多个文件要包含，则需用多个 include 命令。

3）文件包含允许嵌套，即在一个被包含的文件中又可以包含另一个文件。

9.7.2 宏定义

在C语言源程序中允许用一个标识符来表示一个字符串，称为“宏”。被定义为“宏”的标识符称为“宏名”。所谓宏定义，就是用一个标识符来表示一个字符串，如果在后面的代码中出现了该标识符，那么就全部替换成指定的字符串。在编译预处理时，对程序中所有出现的“宏名”，都用宏定义中的字符串去代换，这称为“宏代换”或“宏展开”。

宏定义是由源程序中的宏定义命令完成的。宏代换是由预处理程序自动完成的。在 C 语言中，“宏”分为有参数和无参数两种。下面分别讨论这两种“宏”的定义和调用。

1. 无参宏定义

无参宏的宏名后不带参数。其定义的一般形式如下：

```
#define 标识符 字符串
```

其中的“#”表示这是一条预处理命令，“define”为宏定义命令，“标识符”为所定义的宏名，“字符串”可以是常数、表达式、格式串等。这里所说的字符串是一般意义上的字符序列，不要和 C 语言中的字符串等同，它不需要双引号。

前面介绍过的符号常量的定义就是一种无参宏定义。例如，如下程序段：

```
#include <stdio.h>
#define N 100
int main() {
    int sum = 20 + N;
    printf("%d\n", sum);
    return 0;
}
```

#define N 100 就是宏定义，N 为宏名，100 是宏的内容（即宏所表示的字符串）。在预处理阶段，将宏 N 展开为 100，因此，“int sum = 20 + N;”中的 N 被 100 代替。

此外，常对程序中反复使用的表达式进行宏定义。例如，#define A (x*x+6*x)定义 A 为表达式(x*x+6*x)。在编写源程序时，所有的(x*x+6*x)都可由 A 代替，而对源程序做编译时，将先由预处理程序进行宏代换，即用(x*x+6*x)表达式置换所有的宏名 A，然后再进行编译。例如，如下程序段：

```
#include <stdio.h>
#define A (x*x+6*x)
int main() {
    int s, x;
    printf("input a number: ");
    scanf("%d", &x);
    s = 5 * A + 6 * A;
    printf("s=%d\n", s);
    return 0;
}
```

上例程序中首先进行宏定义，定义 A 为表达式(x*x+6*x)，在“s= 5*A+6*A;”中做了宏调用。在预处理时经宏展开后该语句变为“s=5*(x*x+6*x)+6*(x*x+6*x);”。但要注意的是，在宏定义中表达式(x*x+6*x)两边的括号不能少，否则会发生错误。

如果定义#difine A x*x+6*x，则在宏展开时将得到语句“s=5*x*x+6*x+6*x*x+6*x;”，这相当于“$5x^2+6x+6x^2+6x$;”，显然与原题意要求不符，计算结果当然是错误的。因此在做宏定义时必须十分注意，应保证在宏代换之后不发生错误。对于宏定义还要说明以下几点。

1）宏定义是用宏名来表示一个字符串，在宏展开时又以该字符串取代宏名，这只是一种简单的代换，字符串中可以含任何字符，可以是常数，也可以是表达式，预处理程序对它不做任何检查。若有错误，只能在编译已被宏展开后的源程序时发现。

2）宏定义不是说明或语句，在行末不必加分号，若加上分号则会连分号一起置换。

3）宏定义必须写在函数之外，其作用域为宏定义命令起到源程序结束。若要终止其作用域，可使用#undef 命令。例如，如下程序段：

```
#include <stdio.h>
#define N 100
int main(){
…
}
#undef N                    //N的作用域
void f( ) {
…
}
```

表示 N 只在 main( )函数中有效，在 f( )函数中无效。

4）宏名在源程序中若用引号括起来，则预处理程序不对其做宏代换。例如，如下程序段：

```
#include <stdio.h>
#define OK 1000
int main() {
    printf("OK");
    printf("\n");
    return 0;
}
```

上例中定义宏名 OK 表示 1000，但在 printf( )语句中 OK 被引号括起来，因此不做宏代换。程序的运行结果为 OK，这表示把"OK"当字符串处理。

5）宏定义允许嵌套，在宏定义的字符串中可以使用已经定义的宏名。在宏展开时由预处理程序层层代换。例如：

```
#define PI 3.1415926
#define S PI*x*x            // PI是已定义的宏名
```

对语句“printf("%f",s);”进行宏代换后变为如下形式：

```
printf("%f",3.1415926*x*x);
```

6）习惯上宏名用大写字母表示，以便与变量区别，但也允许用小写字母。

7）对“输出格式”做宏定义，可以减少书写麻烦。例如，如下程序段：

```
#include <stdio.h>
#define P printf
#define D "%d\n"
#define F "%f\n"
int main() {
    int a = 3, c = 6, e = 9;
    double b = 3.5, d = 9.6, f = 21.36;
    P(D F, a, b);
    P(D F, c, d);
    P(D F, e, f);
    return 0;
}
```

2. 带参宏定义

C语言允许宏带有参数。在宏定义中的参数称为形式参数，在宏调用中的参数称为实际参数。对带参数的宏，在调用中不仅要宏展开，而且要用实参代换形参。

带参宏定义的一般形式如下：

```
#define 宏名(形参表) 字符串
```

在字符串中含有各个形参。

带参宏调用的一般形式如下：

```
宏名(实参表);
```

例如，如下程序段：

```
#define F(x) x*x+3*x              //宏定义
k=F(5);                           //宏调用
```

在宏调用时，用实参5代替形参x，经预处理宏展开后的语句为“k=5*5+3*5”。

又如，如下程序段：

```
#include <stdio.h>
#define MAX(a,b) (a>b)?a:b
int main() {
    int x, y, max;
    printf("input two numbers: ");
    scanf("%d%d", &x, &y);
    max = MAX(x, y);
    printf("max=%d\n", max);
    return 0;
}
```

上例程序的第 2 行进行带参宏定义，用宏名 MAX 表示条件表达式“(a>b)?a:b”，形参 a、b 均出现在条件表达式中。程序中“max=MAX(x,y)”为宏调用，实参 x、y 将代换形参 a、b。宏展开后该语句为“max=(x>y)?x:y;”，用于计算 x、y 中的大数。

对于带参的宏定义有以下问题需要说明。

1）带参宏定义中，宏名和形参表之间不能有空格出现。

例如，把“#define MAX(a,b) (a>b)?a:b”写为“#define MAX (a,b) (a>b)?a:b”将被认为是无参宏定义，宏名 MAX 代表字符串“(a,b)(a>b)?a:b”。

宏展开时，宏调用语句“max=MAX(x,y);”将变为“max=(a,b)(a>b)?a:b(x,y);”，这显然是错误的。

2）在带参宏定义中，形式参数不分配内存单元，因此不必做类型定义。而宏调用中的实参有具体的值，要用它们去代换形参，因此必须做类型说明。这与函数中的情况是不同的。在函数中，形参和实参是两个不同的量，各有自己的作用域，调用时要把实参值赋予形参，进行“值传递”。而在带参宏中，只是符号代换，不存在值传递的问题。

3）在宏定义中的形参是标识符，而宏调用中的实参可以是表达式。例如，如下程序段：

```
#01     #include <stdio.h>
#02     #define F(x)  (x)*(x)
#03     int main() {
#04         int a, f;
#05         printf("input a number: ");
#06         scanf("%d", &a);
#07         f = F(a + 1);
#08         printf("f=%d\n", f);
#09         return 0;
#10     }
```

上例中第 2 行为宏定义，形参为 x。程序第 7 行宏调用中实参为 a+1，是一个表达式，在宏展开时，用 a+1 代换 x，再用(x)*(x)代换 F，得到语句“f=(a+1)*(a+1);”。这与函数的调用是不同的，函数调用时要把实参表达式的值求出来再赋予形参；而宏代换中对实参表达式不做计算，直接照原样代换。

4）在宏定义中，字符串内的形参通常要用括号括起来以避免出错。在上例的宏定义中“(x)*(x)”表达式的 x 都用括号括起来，因此结果是正确的。如果去掉括号，把程序改为以下形式：

```
#include <stdio.h>
#define F(x)  x*x
int main() {
    int a, f;
    printf("input a number: ");
    scanf("%d", &a);
    f = F(a + 1);
    printf("f=%d\n", f);
```

```
        return 0;
    }
```

程序运行结果如下：

```
input a number:3↙
f=7
```

同样输入 3，但结果却是不一样的。问题在哪里呢？这是由代换只做符号代换而不做其他处理造成的。宏代换后将得到语句“f=a+1*a+1;”，由于 a 为 3，故 f 的值为 7。这显然与题意相违，因此参数两边的括号是不能少的。即使在参数两边加括号还不够，请看如下程序：

```
#include <stdio.h>
#define F(x)  (x)*(x)
int main() {
    int a, f;
    printf("input a number: ");
    scanf("%d", &a);
    f = 160 / F(a + 1);
    printf("f=%d\n", f);
    return 0;
}
```

本程序与前例相比，只把宏调用语句改为“f=160/F(a+1);”，运行本程序，如输入值仍为 3，希望结果为 10。但实际运行的结果如下：

```
input a number: 3↙
f=160
```

为什么会得到这样的结果呢？分析宏调用语句，在宏代换之后变为“f=160/(a+1)*(a+1);”，a 为 3 时，由于“/”和“*”运算符优先级和结合性相同，因此先计算 160/(3+1)得 40，再计算 40*(3+1)，最后得 160。为了得到正确答案，应在宏定义的整个字符串外加括号，程序修改如下：

```
#include <stdio.h>
#define F(x)  ((x)*(x))
int main() {
    int a, f;
    printf("input a number: ");
    scanf("%d", &a);
    f = 160 / F(a + 1);
    printf("f=%d\n", f);
    return 0;
}
```

以上讨论说明，对于宏定义不仅应在参数两侧加括号，也应在整个字符串外加括号。

9.7.3 条件编译

预处理程序提供了条件编译的功能，可以按照不同的条件编译不同的程序部分，因而产生不同的目标代码文件。条件预处理指令的结构与 if 选择结构非常类似，可以根据表达式的值或者某个特定的宏是否被定义来确定编译条件。这对于程序的移植和调试是很有用的。条件编译有 3 种形式，下面分别进行介绍。

1. 第一种形式

第一种形式的一般格式如下：

```
#ifdef 标识符
    程序段 1;
#else
    程序段 2;
#endif
```

它的功能如下：如果标识符已被#define 命令定义过，则对程序段 1 进行编译；否则对程序段 2 进行编译。如果没有程序段 2（它为空），则本格式中的#else 也可以没有，即可以写为：

```
#ifdef 标识符
    程序段
#endif
```

例如，Visual C++有两种编译模式：Debug 和 Release。在学习过程中，通常使用 Debug 模式，这样便于程序的调试；而最终发布的程序，要使用 Release 模式，这样编译器会进行很多优化，提高程序运行效率，删除冗余信息。

为了能够清楚地看到当前程序的编译模式，可以在程序中增加提示。请看如下代码：

```
#01    #include <stdio.h>
#02    int main()
#03    {
#04    #ifdef _DEBUG
#05        printf("正在使用 Debug 模式编译程序...\n");
#06    #else
#07        printf("正在使用 Release 模式编译程序...\n");
#08    #endif
#09        return 0;
#10    }
```

当以 Debug 模式编译程序时，宏_DEBUG 会被定义，预处理器会保留第 5 行代码，删除第 7 行代码；反之会删除第 5 行，保留第 7 行。

2. 第二种形式

第二种形式的一般格式如下：

```
#ifndef 标识符
    程序段 1;
#else
    程序段 2;
#endif
```

与第一种形式的区别是将 ifdef 改为 ifndef。它的功能如下：如果标识符未被#define 命令定义过，则对程序段 1 进行编译，否则对程序段 2 进行编译。这与第一种形式的功能正相反。

3. 第三种形式

第三种形式的一般格式如下：

```
#if 常量表达式
    程序段 1;
#else
    程序段 2;
#endif
```

它的功能如下：若常量表达式的值为真（非 0），则对程序段 1 进行编译，否则对程序段 2 进行编译。因此可以使程序在不同条件下，完成不同的功能。例如，如下程序段：

```
#01     #include <stdio.h>
#02     #define R 1
#03     int main()
#04     {
#05         double c, r, s;
#06         printf("input a number: ");
#07         scanf("%lf", &c);
#08     #if R
#09         r = 3.14159 * c * c;
#10         printf("area of round is: %f/n", r);
#11     #else
#12         s = c * c;
#13         printf("area of square is: %f/n", s);
#14     #endif
#15         return 0;
#16     }
```

上例采用了第三种形式的条件编译。在程序第 2 行宏定义中，定义 R 为 1，因此在条件编译时，常量表达式的值为真，故计算并输出圆的面积。上面介绍的条件编译当然也可以用条件语句来实现。但是用条件语句将会对整个源程序进行编译，生成的目标代码程序很长，而采用条件编译，则根据条件只编译其中的程序段 1 或程序段 2，生成的目标程序较短。如果条件选择的程序段很长，采用条件编译的方法是十分必要的。

本章小结

在C语言中，函数是程序的基本组成单位，它相当于程序设计中的模块，在编写程序时善用函数可以缩短程序，提高程序的可读性和易修改性。

从用户的角度看，函数分为标准函数和自定义函数。虽然C程序提供了大量的标准函数，但是在解决具体问题时，仅有标准函数是不够的，此时需要用户根据实际情况定义函数，以完成一些特定的功能。本章着重学习了如何定义一个函数。

当定义一个函数后，如果不调用它，该函数就不能被执行，所以需要进行函数的调用。在调用函数前，若被调用函数写在主调函数后面，则需要先声明该函数，以便系统进行相关的检查。在调用函数时，往往需要在主调函数和被调函数之间传递数据。通过函数的参数，可以把数据从主调函数传递给被调函数；通过函数的返回值，可以把数据从被调函数传回给主调函数。当需要传递的数据较多时可以采用数组作为参数，此时传递的是数组的首地址，如果数组元素的值在被调函数中发生了改变，也会使主调函数中的数组元素值改变，这是与普通变量作参数时不同的地方。

使用结构化程序设计方法解决复杂的问题时，常常把大问题分解成若干个小问题，小问题又可以进一步分解成若干个更小的问题。在C语言中，每一个问题都可以用一个函数实现，因此就形成了函数的嵌套。

当一个问题可以被分解成数据规模更小、求解思路完全一样的问题，并且存在递归终止条件时，这个问题就可以用递归来解决。

在函数的内部和外部都可以定义变量，变量定义的位置不同，其作用域和存在域不同。此外，定义变量时还可以指定变量的存储类别，从而确定变量的存储位置和空间分配方式，进而决定变量的生存期。

C 语言还提供了宏定义、文件包含和条件编译等预处理命令，合理地使用这些预处理命令有助于减少程序设计和维护的工作量，增强程序的可读性和可移植性。

习　　题

1. 编写一个求10个数中最大值、最小值和平均值的函数，要求在主函数中输入这10个数，输出所求的最大值、最小值和平均值（平均值保留2位小数）。

2. 编写一个函数 int f(int n,int k)，求正整数n从右边开始数的第k个数字，要求在主函数中输入n和k并输出结果。

3. 编写递归函数求n!，要求在主函数中调用该函数，输出1! +2! +…+10!。

4. 不调用库函数pow，编写一个函数 double p(double x, int n)，求x^n，要求在主函数中输入x和n并输出结果。

5. 编写函数 int fun(int n)，n为3位自然数，判断n是否为水仙花数，是则返回1，否则返回 0。编写 main( )函数，输入一个数 num，调用 fun(num)函数，并输出函数的返回值。

6. 一个人赶着鸭子去每个村庄卖，每经过一个村子卖出所赶鸭子的一半又一只。这样他经过了 7 个村子后还剩两只鸭子，问他出发时共赶了多少只鸭子，经过每个村子卖出了多少只鸭子。试采用递归函数编程实现。

7. 用全局变量的方法，分别用两个函数求最大公约数和最小公倍数，但其值不由函数带回。将最小公倍数和最大公约数都设为全局变量，在主函数中输出它们的值。

8. 根据三角形的面积计算公式 $area=\sqrt{s(s-a)(s-b)(s-c)}$（其中，s=(a+b+c)/2，a、b、c 为三角形的边长），编程求三角形的面积。要求定义两个带参数的宏，一个用于求 s，另一个用于求 area。

第 10 章　指　　针

指针在 C 语言中具有十分重要的地位和作用，也是 C 语言区别其他程序设计语言的标志之一。通过指针可以直接访问内存地址，从而能够高效、快速地处理数据。在程序中正确使用指针，可以提高程序的性能，设计出高效的程序。但是，指针的概念抽象，若应用不当，则会造成程序的严重错误和运行失败。

本章讨论指针的基本概念及相关运算，以及指针用作函数参数、函数返回指针、函数指针等，还讨论指针与数组的相互表示、动态内存分配。

通过本章的学习，应理解指针的概念，熟练掌握指针的运算，能够应用指针与数组相互表示以及应用动态内存分配。

10.1　指针类型与指针变量

10.1.1　指针的概念

先从一个比较直观的例子来引出“指针”的概念。考虑学生宿舍管理员的工作便于管理，管理员先把每间宿舍按顺序编号，如 101 舍、102 舍……，注意每间宿舍的编号是连续而且唯一的。同时假定每间宿舍只住一位学生，如 105 舍住的是数学系的计算数学专业的张三、109 舍住的是物理系的理论物理专业的李四，等等。管理员还需要定期对宿舍入住情况进行登记、清理、调换。

在这个问题中，涉及两类数据，一类是宿舍的编号 101, 102…，所有这些编号可定义为无符号长整型数据（unsigned long）；另一类数据则是入住宿舍的学生张三、李四……，由于他们的专业和所处院系不同，因而是不同类型的数据。分析这两类数据，第二类数据对应着不同数据类型并且取相应值的变量，如数据类型为 int、取值为 10 的变量 x，以及数据类型为 double、取值为 3.14 的变量 z。第一类数据对应计算机中变量 x 和 z 的存储地址，只是内存单元的编号比宿舍编号更为复杂。这些编号就是“地址值”。因此，从这个问题引出的两个概念就是“变量”（variable）的“值”（value）以及“变量”的“地址值”（address）。通常“变量”直接包含特定的数据值，如可以从整型变量 x 中读出数据 10，然后再赋值为 11。而“地址值”则包含在“指针变量”（pointer）中，“指针变量”也常简称为“指针”。因此，“指针”包含“变量”的“地址值”，或者说，“指针”指向“变量”。

进一步讨论这个例子，管理员为了在登记簿上查找到张三同学的相关信息，首先需要定义一个指针变量 p 来操作宿舍的编号，然后在 p 中存放宿舍编号的起始值，并让 p 逐步自增到每间宿舍直到最后一个宿舍。当 p 指向某个宿舍时，管理员注意查看该宿舍入住的是谁，当 p 中值为 105 时，查到入住的同学是张三，则找到。因此，在这个问题中，管理员需要对指针变量 p 进行两个关键操作：存取并修改 p 中的地址值；按照 p 中地址值的指引，找到相应宿舍入住的同学。这两个操作分别对应指针变量的两种运算：对地址值的访问；对指针的间接引用（indirection），或者称去引用（dereference）。这两个操作需要分别用到地址运算符（&）和间接引用运算符（*）。

换个角度再来认识指针和地址值的概念。计算机在处理数据时，都需要把数据存放在内存中，计算机内存被分成一个个存储单元，并且按照一定的规则进行编号，这些编号就是地址值。当程序中有如下变量定义的语句时：

```
int x = 10, y = 20; double z = 3.14;
```

在编译期间，系统会对这些变量定义进行静态内存分配：首先取得变量 x、y 和 z 的数据类型 int、int 和 double，然后依次分配相应数量的内存单元以便存放，在 32 位机中，这个数量分别是 4、4 和 8。如图 10-1 所示，即为这些变量存储的示意图。图中的十六进制无符号长整型数 0x0012FF7C、0x0012FF78、0x0012FF70 即为内存地址的编号，即地址值。

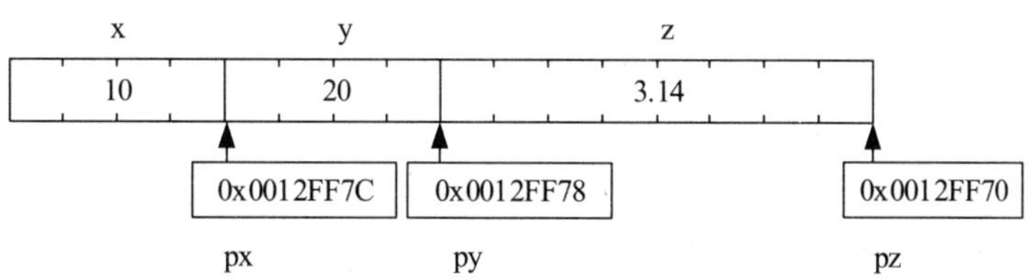

图 10-1　指针与所指变量的关系

需要注意的是，变量 x 和 y 的名字只是便于记忆和书写的符号，其真正代表的是变量存放的具体地址，正如域名 www.ifeng.com 与真实 IP 地址 116.211.251.75 之间的关系。对于如下定义：

```
int x = 10;
```

有两个值与变量 x 相关联：一个是存放变量 x 的存储单元的起始地址 0x0012FF7C；另一个是变量包含的值，或者存储单元的内容，本例中为 10。在 C 程序中，这两个值都是可以访问的。存储单元的起始地址可以通过地址运算符访问得到。变量包含的值可以通过直接访问和间接访问两种方式进行。前者直接通过变量名访问，下列代码就是采用直接访问的方式来操作变量 x 值的：

```
printf("%d", x);
```

先访问 x 的取值，然后输出到屏幕上。后者则是借助一个指向变量 x 的指针 px，首先得到 x 存放的地址 0x0012FF7C，即指针 px 中存放的值，然后根据该地址找到对应的存储单元，从而得到该单元中的内容 10，这个过程也是对指针 px 间接引用然后得到 10。如图 10-1 所示，px、py 和 pz 分别是指向变量 x、y 和 z 的指针，该指针变量中存放的分别是 x、y 和 z 的存储地址，这 3 个地址中存放的内容分别是 10、20 和 3.14。

C 程序中定义的 int 变量、char 变量、double 变量，操作的对象分别是整型数据、字符数据和浮点数据，用户也可以分别定义指针变量指向每一种基本数据类型的数据。指针变量是这样一类特殊的变量：其存放的是内存的地址值，且该地址值不能任意修改。C 语言拥有的这种在运行时获得变量的地址和操作地址的能力，是其他语言所不具有的。指针可以对内存中的数据进行快速访问，可以为函数之间的数据交换提供高效的方式，常用于操作系统设计、硬件相关的应用开发。作为C语言的精华，指针功能强大，但是任何事物都有其双面性，指针的概念不易理解，用法比较复杂，而且使用不当时，会造成程序的非法访问、内存泄漏等严重问题。

10.1.2 指针定义

正如定义基本数据类型的变量一样，指针变量的定义也需要先声明其类型，只是在数据类型标识符后面要跟一个星号（*）以表明这是一个指针，其一般格式如下：

```
int* pn;
double *pd;
```

上述语句先定义了一个可指向整型变量的指针 pn，或称为整型指针，pn 是指针变量的名字；接着定义了一个可指向双精度浮点型变量的指针 pd，或称为 double 指针，pd 是指针变量的名字。星号（*）可以紧挨着类型标识符，也可以紧挨着变量的名字，其格式如下：

```
char x, y, *px, *py;
```

上述语句共定义了 4 个变量，其中 x 和 y 是字符型变量，px 和 py 是字符型指针。因此，在一行语句中定义多个指针变量时需要在每个指针变量的名字前加上*。

指针变量定义的一般形式如下：

```
数据类型标识符 * 指针变量名;
```

下面是一些常见的指针变量的定义：

```
char* name;       //定义字符型指针以存放学生的姓名
int* pArray;      //定义整型指针指向数组的首地址
double* pScore;   //定义 double 指针以存放课程的成绩
```

【例 10.1】指针的定义。

编写程序如下：

```
int main()
{
    int* pn;
    double *pd;
    char x, y, *px, *py;
    char* name ;
    int* pArray;
    double* pScore;
    return 0;
}
```

上述程序定义了未被初始化且未被引用的局部指针变量，会引起编译期间警告，这是编译器的正常反应。

说明：

1）定义指针时给出的类型标识符，只是表示该指针所指向存储单元中存放内容的数据类型。例如，指针 pn 所指的内存单元只能存放 int 类型的数据，指针 pd 所指的内存单元只能存放 double 类型的数据，指针 px 和 py 所指的内存单元只能存放 char 类型的数据。因此，这些数据类型标识符只是表明对指针所指内存单元中的内容应该按照什么格式进行解释。

2）程序中这 4 个指针本身所包含的值都是地址值，即内存单元的编号，因而都是 unsigned long 类型。

10.1.3 指针初始化

定义指针变量之后，在对它操作之前，一定要让它指向一个明确的内存地址。没有指向明确地址的指针是悬挂的指针，所有对它的操作都是危险的。让指针指向一个明确的地址可以通过两种方式完成：指针初始化和指针赋值。

指针初始化是指在定义指针的同时给它赋予有意义的初始值，这个初始值可以是 0、NULL 或者一个地址，数值为 0 或者 NULL 的指针不指向任何内容。NULL 是头文件 <stddef.h>（和另外几个标准库头文件）中定义的符号常量。将指针初始化为 NULL 等于将指针初始化为 0，为使程序具有良好的可移植性，应该用 NULL 而不是 0 初始化指针。

指针变量初始化的一般形式如下：

```
数据类型标识符 * 指针变量名=有意义的初始值;
```

下面是一些常见的指针变量的定义：

```
int* p = NULL;
```

上述语句定义一个 int 指针，并初始化为 NULL，即不指向任何地址。

```
int n = 10;
int* pn = &n;
```

上述语句中定义一个 int 指针 pn，并用整型变量 n 的地址值初始化该指针，即让 pn 指向 n，如图 10-2 所示，pn 的值正是变量 n 的存放地址。符号&是地址运算符，表达式&n 会取出变量 n 的存放地址。

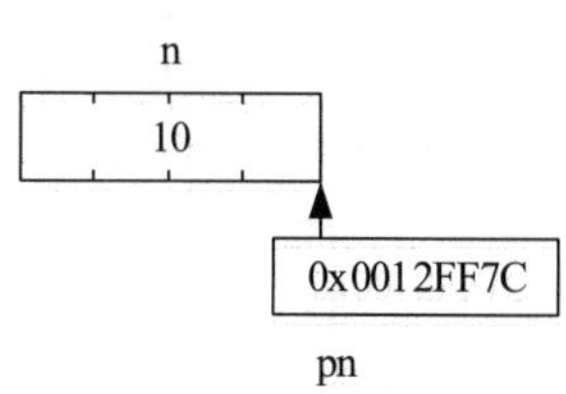

图 10-2 指针 pn 指向变量 n

```
double d = 2.5;
double *pd = &d;
```

上述语句定义了一个 double 指针 pd，然后用变量 d 的地址给 pd 初始化，即让 pd 指向 d。

说明：

1）在上述语句中，变量 d 可能存放在地址为 0x0012FF60 的内存单元，即表达式&d 的值为 0x0012FF60，但是不要直接用这个值去给指针 pd 初始化，即下列语句是错误的，会引起编译错误：

```
double *pd = 0x0012FF60;
```

2）不要用任意一个整型数（除 0 外）给指针赋值或者初始化，下列语句也是错误的：

```
int *p = 10000;
```

3）不要用不同类型的指针来相互初始化。例如，在上述定义中，pd 是 double 指针，而 p 定义为 int 指针，它们之间的相互初始化就是错误的。

10.1.4 指针运算

指针作为一种特殊类型的变量，可以进行 4 类运算：基本运算、赋值运算、算术运算和关系运算。指针的基本运算包括取地址和间接引用，用到的运算符分别是&和*。指针的赋值运算常用于修改指针所指的对象，用到的运算符是=。指针的算术运算包括指针与一个有限的整数相加或者相减、指针的自增或者自减、同类型指针相减。若设 p、q 是同类型的指针，n 是一个取值范围有限的整数，则可施行的算术运算有如下几种：

```
p + n, p - n, p++, ++p, p--, --p, p - q
```

指针的关系运算主要是对两个指针所指地址先后关系的判断、指针空或者非空的判断。

需要特别强调的是，上述运算中，凡是涉及两个指针的运算，都要求这两个指针必须是同类型，否则会引起编译错误。

1. &和*运算符

运算符&称为地址运算符（address-of operator），这个一元运算符返回操作数的地址，它常用的形式如下：

```
&operand
```

操作数 operand 可以为变量名、函数名或者左值表达式，但是地址运算符不能用于常量、右值表达式和用存储类 register 声明的变量。

【例 10.2】&运算符的用法。

编写程序如下：

```
#include <stdio.h>
int main()
{
    int n = 1;
    int* pn = &n;                   //定义指针pn，并初始化为n的地址，即指向n
    printf("%p\t%p\n", pn, &n);     //输出pn的值和n的地址
    printf("%p\n", &pn);            //输出pn的存放地址
    int a[10];
```

```
        printf("%p\t%p\n", a, &a[0]);         //输出数组的首地址
        printf("%p\t%p\n", &a[2], &a[3]);  //输出相邻元素的地址
        return 0;
    }
```

上述程序中，指针 pn 指向变量 n，所以 pn 的值即 n 的地址值，因此与&n 相等。由于 pn 也是一个变量，因此也可以对它取地址，得到的地址值表示指向指针变量 pn 的指针。数组 a 的名字是一个常量指针，指向数组的首地址，因此与首元素 a[0]的地址相等。程序中同时输出 a[2]和 a[3]的地址，读者可以自己分析这两个地址值的差值与数组 a 的类型之间的关系。

程序运行结果如下：

```
0012FF60 0012FF60
0012FF54
0012FF24 0012FF24
0012FF2C 0012FF30
```

运算符*称为间接引用运算符（indirection operator），或者去引用运算符（dereference operator），或称为复引用运算符。这个一元运算符返回操作数（通常是指针变量）所指地址中存放的内容。它常用的形式如下：

```
*operand
```

其中的操作数 operand 必须为指针。

【例 10.3】 *运算符的用法。

编写程序如下：

```
#include <stdio.h>
int main()
{
    int a = 1, b = 2, c = 3, d = 4;
    int* p;//定义整型指针p
    p = &a; //指向a
    printf("%d\t%d\n", *p, a);//输出p所指地址的内容和a的值
    p = &b; //指向b
    printf("%d\t%d\n", *p, b);//输出p所指地址的内容和b的值
    p = &c; //指向c
    printf("%d\t%d\n", *p, c);//输出p所指地址的内容和c的值
    p = &d; //指向d
    printf("%d\t%d\n", *p, d);//输出p所指地址的内容和d的值
    return 0;
}
```

上述程序定义了一个整型指针 p，然后分别指向 4 个整型变量，在指向某个变量时，对 p 间接引用的结果（即*p）应该与相应变量的取值相同。

程序运行结果如下：

```
1 1
2 2
3 3
4 4
```

说明：

1）如果指针没有正确地初始化或者没有指向内存中明确的地址，则间接引用指针可能造成运行时出错，或者意外修改重要数据。虽然运行完程序，但是得到的是错误的结果。运行时对 0 指针和 NULL 指针间接引用是个错误。

2）运算符*出现在不同地方，它们的意义是完全不同的。若*前有数据类型标识符，则表示指针定义，称为指针定义符；若*放在一个已经定义了的指针前，则称为间接引用运算符。一定不要混淆在这两种情况下*的作用。

【例 10.4】&和*的互逆运算。

编写程序如下：

```
#include <stdio.h>
int main()
{
    int n = 10;
    int* p = &n;
    printf("%p\t%p\n", &*p, p);
    printf("%d\t%d\n", *&n, n);
    return 0;
}
```

&和*的优先级相同，结合性都是从右向左。上述程序中，表达式&*p 先对指针 p 间接引用，再取地址，结果就是 p 包含的地址值。表达式*&n 先对 n 取地址，再间接引用，结果就是变量 n 的值。

程序运行结果如下：

```
0012FF60 0012FF60
10 10
```

2. 赋值运算

在对指针操作之前，一定要让指针指向明确的地址，否则指针包含的地址值是一个随机值，对它的操作会引起程序的非法访问。让指针指向明确的地址有两种方法，可以在指针定义的同时对它赋初值即初始化，也可以在定义指针之后再赋值。与指针初始化类似，能够给指针赋值的只有 0、NULL、同类型的地址值。通过对指针赋值可以让指针随时指向不同的变量。

【例 10.5】利用指针求两个数中的大者和小者。

编写程序如下：

```
#include <stdio.h>
int main()
{
    int a, b;
    printf("Please enter two number:");
    scanf("%d%d", &a, &b);
    int *p;                         //定义临时指针用于交换
    int *pmin, *pmax;               //定义两个指针分别指向最小值和最大值
    pmin = &a; pmax = &b;                       //先假设a是最小值，b是最大值
    if (*pmin > *pmax) {                        //与假设有违，需要交换
        p = pmin; pmin = pmax; pmax = p;        //循环赋值，实现指针的交换
    }
    printf("max = %d\tmin = %d\n ", *pmax, *pmin);
    return 0;
}
```

上述程序借助两个指针 pmin 和 pmax 求出两个数 a 和 b 中的最大值和最小值。if 循环中用一个临时指针 p 来交换 pmin 和 pmax 所指的地址，注意不是交换两个指针 pmin 和 pmax 所指的数据。

程序运行结果如下：

```
Please enter two number:3 5 ↙
max = 5 min = 3
```

3. 算术运算

指针的算术运算以指针所指向的地址为操作对象。可施行的运算有加法和减法两种，加法运算使运算的结果处在地址增大的方向（也称为前向），减法运算使运算的结果处在地址减小的方向（也称为后向）。运算的形式主要有 3 种，目的分别是求与指针 p 相隔 n 个数据单位的指针、驱动指针 p 在内存地址上移动、求指针 p 和 q 之间的相对距离。需要强调的是，算术运算的基本单位是以指针所指变量的类型所占内存的字节大小为基本单位的。如图 10-3 所示，整型数组 a 有 10 个元素，p、q 都是 int 型指针，分别指向 a[3]和 a[6]，n 是一个取值范围有限的整数。

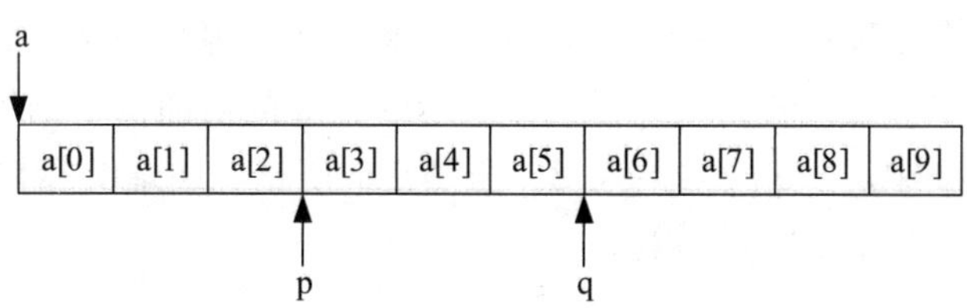

图 10-3　指针算术运算示意图

（1）p+n 和 p–n

这两个表达式用于求取在地址增大（p+n）或者减小（p–n）方向上，与指针 p 相隔 n 个数据单位的另外一个指针。注意 n 的单位不是字节，两个指针实际间隔的字节数与指针的类型有关。假设 p 是 int 类型的指针，则相隔的字节数为 n*sizeof(int)，在 32 位机上为

4n 个字节。如果 p 指向数组中的某个地址，则要取适当大小的 n 值，以保证运算表达式 p+n 和 p–n 后的结果仍然在数组占用内存的合理范围内。

在图 10-3 中，表达式 p+3 的值为指向 a[6]的指针，即与 q 重合；表达式 q–3 的值为指向 a[3]的指针，即与 p 重合。为使表达式 p+n、p–n 的结果合理，n 的最大值分别是 6、3；为使表达式 q+n、q–n 的结果合理，n 的最大值分别是 3、6。

（2）++p、p++和--p、p--

这 4 个表达式用于驱动指针 p 在地址增大（++）方向上前移或者在地址减小（--）方向上后移一个数据单位的距离而到达一个新的位置，这一个数据单位所代表的实际字节数也与指针的类型有关。通常用这 4 个表达式驱动指针在一块连续的内存中逐个访问存储的数据。与上面一组表达式的区别在于：执行 p+n 和 p–n 之后，指针 p 仍然指向原来的位置；而执行本组表达式后，指针 p 向前或者向后移动到相邻的位置。

下面结合图 10-3 分析这 4 个表达式的执行过程，其中主要涉及两个值：变量的值、表达式的值。

1）执行++p：p 前移，指向 a[4]，即指针 p 的值为&a[4]；表达式++p 的结果是值为&a[4]的指针 p。

2）执行 p++：p 前移，指向 a[4]，即指针 p 的值为&a[4]；但表达式 p++的结果是值为&a[3]的临时指针，记为 pTemp。

3）执行--p：p 后移，指向 a[2]，即指针 p 的值为&a[2]；表达式--p 的结果是值为&a[2]的指针 p。

4）执行 p--：p 后移，指向 a[2]，即指针 p 的值为&a[2]；但表达式 p--的结果是值为&a[3]的临时指针，记为 pTemp。

简要总结上述计算过程，当运算符++、--前置时，指针 p 的值自增、自减，表达式的值为改变之后的指针 p。当运算符++、--后置时，指针 p 的值自增、自减，但是表达式的值为一个临时指针，该临时指针的值与改变之前 p 的值相同。因此，前置和后置的共同点是指针都改变了，不同点是表达式的值不同。

（3）p–q

当 p 和 q 分别指向一块连续内存中的两个存储单元时，这个表达式能够计算出两个指针的相对距离，这个距离也是以指针所指变量的类型所占内存的字节大小为基本单位的，而不是实际相隔的字节数。若结果为正值，表示 p 在 q 的前面；若结果为负值，表示 p 在 q 的后面。在图 10-3 中，p–q 的结果为–3，虽然它们所指的地址实际相隔 12 个字节。

【例 10.6】指针的增量/减量运算。

编写程序如下：

```
#include <stdio.h>
int main()
{
    int a[5] = {1, 2, 3, 4, 5};
    int* p;
```

```
        p = a + 2; cout << *p << "\t";           //p指向a[2]
        p++; printf("%d\t", *p);                 //p指向a[3]
        ++p; printf("%d\t", *p);                 //p指向a[4]
        p--; printf("%d\t", *p);                 //p指向a[3]
        --p; printf("%d\t", *p);                 //p指向a[2]
        a[p-a] = 30; printf("%d\n", a[2]);       //p指向a[2]
        return 0;
    }
```

上述程序中，数组名 a 即为指向数组首元素的指针，表达式 p=a+2 把与 a 相隔 2 个数据单元的地址存入指针 p 中，即让 p 指向数组元素 a[2]；表达式 p++、++p 将指针分别前移一个数据单位；表达式 p--、--p 将指针分别后移一个数据单位，此时 p 指向 a[2]；由于指针 p 在 a 前 2 个数据单位，所以 p−a 的值为 2。

程序运行结果如下：

```
3 4 5 4 3 30
```

【例 10.7】 指针的增量运算与间接引用运算的复合。

编写程序如下：

```
#include <stdio.h>
int main()
{
    int a[5] = {1, 2, 3, 4, 5};
    int* p = a;
    printf("%d\t", *p++);
    printf("%d\t", (*p)++);
    printf("%d\t", ++(*p));
    printf("%d\t", ++*p);
    printf("%d\n", *++p);
    return 0;
}
```

一元运算符++、--、*、&的优先级都是相同的，结合性也是从右向左，但是( )运算符的优先级比它们 4 个要高。为分析上述程序中指针复合运算的输出结果，需要对前置自增运算和后置自增运算的过程很清楚，还要注意前一行的结果会影响后一行的计算。

表达式*p++的计算分为两步：先对表达式 p++求值，再对求得的表达式的值间接引用。①计算 p++：变量 p 前移至&a[1]，表达式 p++的结果是临时指针 pTemp，其值为&a[0]；②再计算*pTemp，即*&a[0]，得到 a[0]，其值为 1。因此，整个表达式*p++的值为 1，p 指向 a[1]，a[1]的值为 2。

表达式(*p)++由于包含有( )运算符，其优先级比++高，所以计算分为两步：先计算( )里的表达式*p，p 指向 a[1]，故*p 的值为 a[1]，即 2；随后执行++运算，即再对表达式 a[1]++

求值，结果使得 a[1]自增至 3，但是表达式 a[1]++的值为 2，所以整个表达式(*p)++的值为 2，p 仍然指向 a[1]，只是 a[1]的值自增至 3。

表达式++(*p)的计算过程也很清楚：先对表达式*p 求值，再对得到的结果计算前置增量。p 指向 a[1]，且 a[1]的值为 3，故表达式*p 的值为 a[1]；再计算++a[1]，变量 a[1]自增至 4，表达式++a[1]的值也为 4。因此，整个表达式++(*p)的值为 4，p 指向 a[1]，a[1]的值为 4。

表达式++*p 的运算符*和++优先级相同，结合性从右向左，所以计算过程与第 8 行中表达式++(*p)的计算过程相同，只是表达式中用( )显式地表明了计算顺序。计算过程分为两步：先计算*p 得到 a[1]；再计算++a[1]，a[1]自增至 5，表达式++a[1]的值即 a[1]的值，即 5。因此，整个表达式++*p 的值为 5，p 指向 a[1]，a[1]的值为 5。

表达式*++p 的计算分为两步：先对表达式++p 求值，p 自增，指向 a[2]，表达式的值为增加之后的 p，即&a[2]；再计算*p，得到 a[2]。因此，整个表达式*++p 的值为 3，p 指向 a[2]。

程序运行结果如下：

```
1 2 4 5 3
```

4. 关系运算

为判断指针之间相互的位置关系，需要对同类型的两个指针进行关系运算。其中>、>=、<、<=四个运算符判断两个指针谁前谁后，如果指针 p 在指针 q 的前面，则表达式 p>q 的值为真，以此类推其他运算符的计算。==、!=两个运算符判断两个指针是否相等，如果指针 p 和 q 指向同一个地址，则认为两者相等，即表达式 p==q 为真。有时需要判断一个指针是否为空，也需要用到关系运算，如下列语句，若指针 p 不为空，才能对它间接引用。

```
if (p != NULL)
    printf("%d", *p);
```

【例 10.8】将数组的元素逆置：即第一个元素和最后一个元素互换，第二个元素和倒数第二个元素互换，如此交换，直到整个数组元素全部逆序。

编写程序如下：

```
#include <stdio.h>
void Print(int a[], int n)                    //函数定义：输出数组元素
{
    for (int* p = a; p < a + n; ++p)          //通过指针运算输出数组元素
        printf("%d\t", *p);
    printf("\n");
}
void Reverse(int a[], int n)                  //逆置数组元素
{
    int t;
    int *p = a, *q = a + n - 1;               //p、q分别指向数组的首元素、尾元素
```

```
        while (p < q) {                         //当p小于q时，都需要交换
            t = *p;
            *p = *q;
            *q = t;
            ++p, --q;                           //分别前移指针p、后移指针q
        }
    }
    int main()
    {
        int a[] = {1, 2, 3, 4, 5, 6, 7, 8, 9, 10};
        int n = sizeof(a) / sizeof(*a);     //计算数组元素的个数
        Print(a, n);                        //逆置之前输出数组元素
        Reverse(a, n);                      //逆置数组
        Print(a, n);                        //逆置之后输出数组元素
        return 0;
    }
```

程序运行结果如下：

```
1 2 3 4 5 6 7 8 9 10
10 9 8 7 6 5 4 3 2 1
```

逆置的算法很多，本程序采取的思路如下：用两个指针 p 和 q 分别指向数组的第一个元素和最后一个元素，只要 p 比 q 小，就需要交换这两个指针所指的数据；继续前移指针 p，后移指针 q，直到两个指针重合（数组元素的个数为奇数）或者相邻（数组元素的个数为偶数）；再移动两个指针一步，就会出现 p 在 q 前面的现象，这说明数组的所有元素已经全部逆置，从而结束整个过程。

上述程序中，若把 Reverse( )函数中的 while 循环换成如下语句，结合前面的知识，请分析程序执行的过程和结果。

```
while (p < q) {
  t = *p;
  *p++ = *q;
  *q-- = t;
}
```

10.2 指针与函数

10.2.1 指针作为函数参数

先从一个例子来看，什么时候需要用到指针作为函数参数。

【例 10.9】[反例]写一个函数，将任意一个整型变量置零。

编写程序如下：

```
#include <stdio.h>
void SetZero(int n) {n = 0;}
int main()
{
    int x = 3;
    SetZero(x);
    printf("%d\n", x);
    return 0;
}
```

函数 SetZero( )的目的很明确，操作也很简单，只需一个赋值语句就可以将形参 n 赋值为 0。main( )函数把值为 3 的变量 x 作为实参传给函数 SetZero( )，但是从程序输出的结果来看，在函数调用结束之后，实参 x 的值仍然为 3，也就是说函数调用 SetZero(x)并没有如预期那样把 x 赋值为 0。问题出在什么地方呢？

图 10-4 所示为该程序执行时各变量取值变化的情况。在实参 x 把值 3 传递给形参 n 后，形参 n 的值为 3，随后对 n 赋值为 0，所以在函数 SetZero( )内部执行时，形参 n 的值确实被修改为 0。但是在函数调用返回后，随着形参 n 的撤销，n 的值并没有保留下来，也没有回传给实参 x，所以 x 的值仍然为 3。

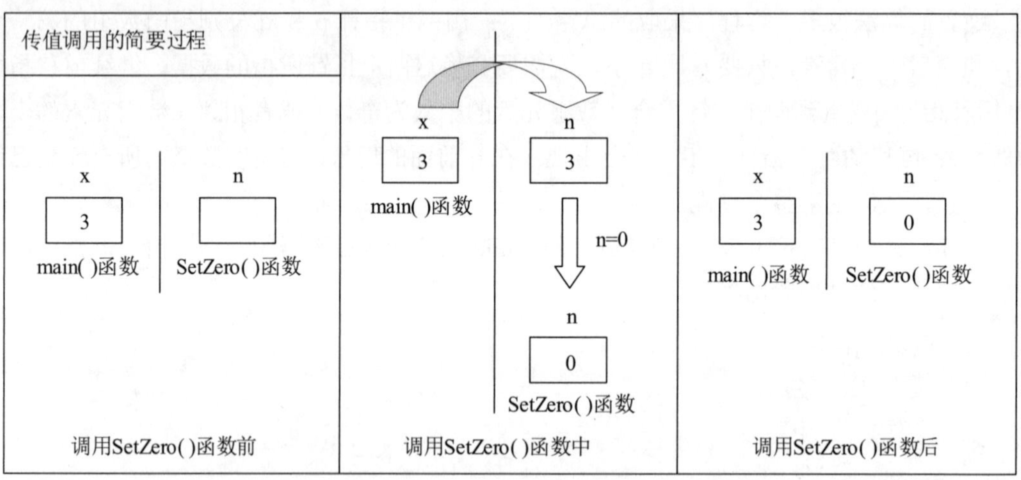

图 10-4 传值调用时 SetZero( )函数调用示意图

问题的关键在于函数 SetZero( )传递参数的方式是值传递，实参传递给形参时，只是把实参 x 的副本传递给了形参，并没有把实参 x 本身传递给函数，因此函数中没有保留对形参的改变，也不会影响到实参，这是值传递的特点之一。值传递的方式因为需要生成实参的副本，因而效率较低，只适合传递“体积”较小的变量，“体积”较小是指占用内存的字节数较少。如图 10-5 所示，是该程序执行时各变量取值变化的情况。

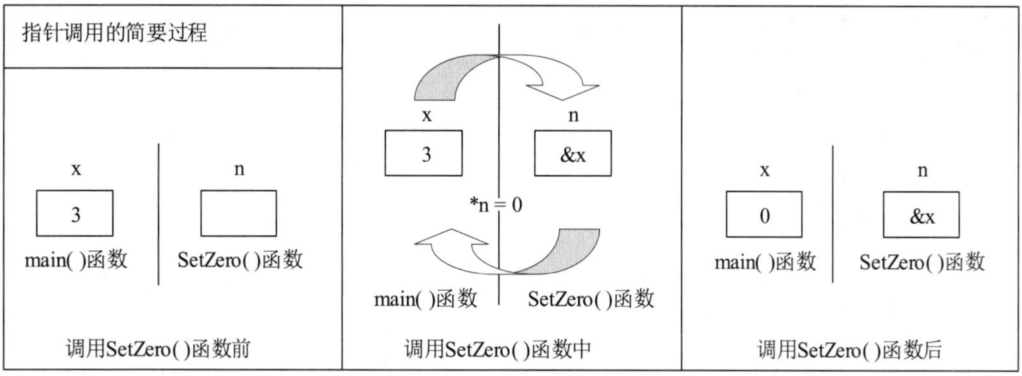

图 10-5　指针调用时 SetZero( )函数调用示意图

为解决上述问题，只需修改函数 SetZero( )参数传递的方式为指针传递即可。相对上述程序，下列程序有两处修改：修改函数 SetZero( )的参数为指针，同时函数体中改为对指针 n 的引用；把实参 x 的地址传给形参。

【例 10.10】[正例]写一个函数，将任意一个整型变量置零。

编写程序如下：

```
#include <stdio.h>
void SetZero(int* n) {*n = 0;}
int main()
{
    int x = 3;
    SetZero(&x);
    printf("%d\n", x);
    return 0;
}
```

main( )函数中把实参 x 的地址传递给指针 n，因而在函数 SetZero( )中，表达式*n = 0 的执行结果实际上是直接把被指变量 x 赋值为 0，因此在函数调用返回后，实参 x 已经被置零。

指针作为函数参数可以把实参的地址传入函数中，函数中所有对形参的操作，都是通过地址访问实参，然后直接对实参进行操作，因此形参的改变能够影响实参。由于传递指针不需要生成实参的副本，因此函数参数传递的效率较高。

指针作为函数参数，主要在下列场合需要：保留函数中对实参的修改；返回多个值；传递“体积”较大的参数。下面举例说明前两个用途。

【例 10.11】输入 3 个整数 a、b、c，并按照从小到大的顺序输出。

编写程序如下：

```
#include <stdio.h>
void Input(int* n)                              //从键盘输入一个整数
{
    printf("Please enter one integer: ");
```

```
        scanf("%d", &(*n));
    }
    void Swap(int* a, int* b)                         //交换两个数
    {
        int c;
        c = *a; *a = *b; *b = c;
    }
    void Exchange(int* pmax, int* pmid, int* pmin)//对3个数从小到大排序
    {
        if (*pmax < *pmid) Swap(pmax, pmid);
        if (*pmax < *pmin) Swap(pmax, pmin);
        if (*pmid < *pmin) Swap(pmid, pmin);
    }
    void Print(int a, int b, int c)                   //在屏幕上输出3个数
    {
        printf("%d\t%d\t%d\n", a, b, c);
    }
    int main()
    {
        int x, y, z;
        Input(&x); Input(&y); Input(&z);              //依次输入3个数
        Print(x, y, z);                               //看看原始的顺序
        Exchange(&x, &y, &z);                         //从小到大排序
        Print(x, y, z);                               //看看排序之后的顺序
        return 0;
    }
```

本程序自定义了 4 个函数，Input( )函数用于从键盘上输入一个整数；Swap( )函数用于交换两个数；Exchange( )函数对给定的 3 个参数按照从小到大的顺序排序，该函数用到前面定义的 Swap( )函数；Print( )函数用于在屏幕上输出 3 个数。main( )函数依次调用这些自定义的函数实现题目的要求，因而整个程序结构简洁清楚。

若做如下输入，则程序的运行结果如下：

```
Please enter one integer: 2↙
Please enter one integer: 8↙
Please enter one integer: 5↙
2 8 5
8 5 2
```

Input( )函数用指针作为函数参数，在 main( )函数中依次输入实参 a、b、c。以输入 a 为例：当把变量 a 的地址传给形参 n 时，指针 n 指向 a，函数中对表达式*n 的键盘输入，实际上会通过地址访问到 a，直接输入到被指变量 a，因此对于函数 Input( )来说，为了保留函数内部对形参*n 的键盘输入，或者说把函数内部从键盘输入的数据传出去给实参 a，

必须采用指针来传递函数的参数，而不能采用值传递的方式传递参数。感兴趣的读者可以对该函数进行如下修改，即把函数参数改为传值方式，其他语句做相应修改。

```
void Input(int n)
{
    printf("Please enter one integer: ");
    scanf("%d", &n);
}
```

然后修改 main( )函数中的输入为“Input(x); Input(y); Input(z);”，看看键盘输入的数据能否传递给变量 a、b、c。

Swap( )函数也采用指针调用的方式来传递参数。在函数内部，通过 3 个循环赋值语句实现对两个数的交换，由于函数改变了形参，并希望保留这种改变，且把改变后的结果传递给实参，因此需要用指针传递的方式。若在 Exchange( )函数中需要交换变量 x 和 y 的值（分别设为 3 和 5），则以函数调用 Swap(&x, &y)为例，分析函数 Swap( )的执行过程。该函数调用过程的示意图如图 10-6 所示。

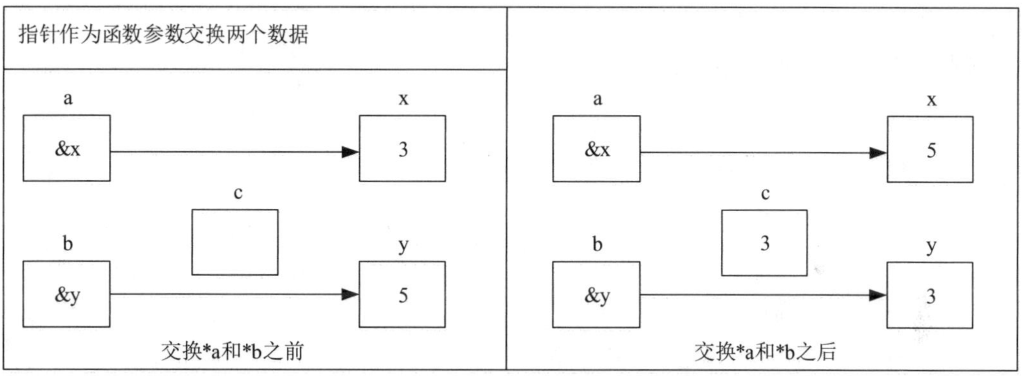

图 10-6 Swap( )函数交换*a 和*b 的过程

在 Swap( )函数中，定义一个临时变量 c，并通过 3 个循环赋值语句，实现对指针 a 和 b 所指内容（*a 和*b），即变量 x 和 y 的交换。注意在循环赋值的过程中，是指针所指的内容*a 和*b 参与赋值运算的，而不是指针 a 和 b 所指的地址进行交换，因此调用函数 Swap( )后，a 和 b 仍然分别指向 x 和 y。

Exchange( )函数采用指针调用的方式传递参数，由于参数 pmax、pmid 和 pmin 所指变量会因为各自值的大小顺序不同而发生交换，并希望把这些交换或者改变保留给实参，因此需要采用指针传递的方式传递实参。函数的前两个 if 判断保证 pmax 所指的变量值最大，最后一个 if 判断对剩下的两个指针所指的变量排序。感兴趣的读者也可以把函数头中的*全部去掉，即采用传值调用的方式来传递参数，并修改函数中相关表达式，看看程序的执行结果有什么变化。

Print( )函数采用传值调用的方式来传递参数，因为函数只需要把传进来的值输出在屏幕上，不需要对这些值进行修改。退一步讲，倘若函数 Print( )修改了形参，这种修改也不会回传给实参，因此采用值传递的方式实现了对实参的保护。

函数采用指针调用传递函数参数时，在函数里面什么时候用指针、什么时候用指针的间接引用，简而言之，*该出现在哪些地方，这些都需要初学者认真分析体会。例如，上述程序中的 Exchange( )函数，在函数头部，需要对 3 个参数 pmax、pmid、pmin 的类型做声明，它们都是指针类型，因而需要用*表明它们的指针身份。在函数体中，需要对这 3 个指针所指对象的值做大小判断，如 if (*pmax < *pmid)，因此，if 语句中的指针需要间接引用。在对函数 Swap( )的调用中，如 Swap(pmax, pmid)，其参数传递的方式是指针调用，指针 pmax、pmid、pmin 虽然是函数 Exchange 的形参，但它们作为实参调用 Swap( )，因此指针前面不需要*。同样，在 main( )函数中，变量 x、y、z 用作实参时，什么时候需要取地址传入函数、什么时候直接传入函数，主要取决于函数参数传递的方式。Input( )函数和 Exchange( )函数采用指针传递参数，因此需要传递变量的地址；Print( )函数的参数是传值方式，因此直接传入变量。

10.2.2 函数返回指针

有时需要从函数的 return 语句中返回指针变量。但是，这要求该指针是指向全局变量、局部静态变量的指针，或者是堆指针，或者是从函数的指针参数计算得到的指针。注意要谨慎返回指向局部变量的指针。

【例 10.12】函数返回指针。

编写程序如下：

```
#include <stdio.h>
#include<stdlib.h>
int g = 1;                                              //定义全局变量
int* gfunc() {return &g;}                               //返回指向全局变量的指针
//返回指向局部静态变量的指针
int* sfunc() {static int s = 2; return &s;}
int* hfunc() {int* pi = (int *)malloc(1); return pi;}//返回堆指针
//返回数组a的第i个元素的地址
int* afunc(int arr[],int i){return arr + i;}
int main()
{
    int* p;
    p = gfunc();                        //p被赋值为返回的指向全局变量的指针
    *p = 3;                             //修改全局变量的值
    printf("%d\t%d\n", *p, g);
    p = sfunc();                        //p被赋值为返回的指向局部静态变量的指针
    *p = 4;                             //修改局部静态变量的值
    printf("%d\t%d\n", *p, *sfunc());
    p = hfunc();                        //p被赋值为返回的堆指针
    *p = 5;                             //修改堆指针的内容
    printf("%d\t\n", *p); /* *hfunc() */
    free(p);                            //释放堆内存
    int a[5] = {1,2,3,4,5};
```

```
    p = afunc(a, 3);              //p指向数组a中下标为3的元素
    *p = 40;                      //修改该元素
    printf("%d\t%d\n", *p, a[3]);
    return 0;
}
```

上述程序中把可以正确返回指针的 4 种情况全部列举了出来，具体如下：

1）函数 gfunc( )返回指向全局变量 g 的指针。在 main( )函数中，表达式 p = gfunc( )将该指针赋值给 p，表达式*p=3 通过指针 p 修改全局变量 g 的取值。

2）函数 sfunc( )返回指向局部静态变量 s 的指针。在 main( )函数中，表达式 p=sfunc( )将该指针赋值给 p，表达式*p=4 通过指针 p 修改局部静态变量 s 的取值。注意表达式*sfunc( )中由于( )的优先级比*大，故整个表达式等同于*(sfunc( ))，即先算 sfunc( )，得到返回的指针，再计算*，得到该指针所指的内容，即变量 s。

3）函数 hfunc( )用 malloc 动态申请一块内存用于存放 int 数据，并返回指向该堆内存的指针 pi。在 main( )函数中，表达式 p=hfunc( )将该指针赋值给 p，表达式*p=5 通过指针 p 修改这块堆内存的内容。表达式 free(p)用 free 运算符释放函数 hfunc( )，用 malloc 动态申请一块内存。

4）函数 afunc( )带两个参数，arr 是 int 数组，i 是下标，函数返回第 i 个元素的存放地址。在 main( )函数中，表达式 p=afunc(a, 3)将数组 a 中下标为 3 的元素的地址赋值给 p，表达式*p=40 通过指针 p 修改该元素的值。

程序运行结果如下：

```
3 3
4 4
5
40 40
```

10.2.3 函数指针

在 C 语言中，函数的名字表示函数代码区的首地址，即函数的入口地址。函数的名字即为指向入口地址的函数指针，也可以定义一个指针用于指向函数，指向函数的指针即为函数指针。它定义的语法形式一般如下：

```
函数返回类型 (*函数指针名) (函数参数列表);
```

【例 10.13】函数指针的定义及应用。

编写程序如下：

```
#include <stdio.h>
#include <math.h>
int sum(int x, int y) { return x + y; }
double square(double d) {return d * d; }
int main()
{
```

```
    int (*ps) (int, int);       //定义函数指针
    ps = sum;                   //指向函数sum()
    printf("%d\t", sum(2, 3)); //用函数名调用函数
    printf("%d\t", ps(3, 4));  //用函数指针名调用函数
    printf("%d\n", (*ps)(4, 5));//用函数指针名调用函数
    const double PI = 3.1415926;//定义常量
    double (*pd) (double);      //定义函数指针pd
    pd = sin;                   //指向标准库函数sin()
    printf("%f\t", pd(PI / 2));//用函数指针pd调用函数sin()
    pd = cos;                   //指向标准库函数cos()
    printf("%f\t", pd(PI / 3));//用函数指针pd调用函数cos()
    pd = exp;                   //指向标准库函数exp()
    printf("%f\t", pd(2.5));   //用函数指针pd调用函数exp()
    pd = square;                //指向自定义函数square()
    printf("%f\n", pd(1.0));   //用函数指针pd调用函数square()
    return 0;
}
```

上述程序自定义了函数 sum( )，其返回类型为 int，参数列表中有两个类型为 int 的参数。在 main 函数中，int (*ps) (int, int);定义了函数指针 ps，该函数指针返回类型为 int，带两个类型为 int 的参数。这两部分信息（函数返回类型、函数参数列表）刚好分别与自定义函数 sum( )的两部分相同，接着通过 ps=sum 把 sum 赋值给 ps；然后分别通过函数名 sum 调用函数 sum(2, 3)，直接用函数指针 ps 的名字调用函数 ps(3, 4)，以另外一种形式(*ps)调用函数(*ps)(4, 5)，这种形式更能清楚地强调 ps 的函数指针的"身份"。注意表达式(*ps)(4, 5)中，*与 ps 必须用( )括起来，否则，对于表达式*ps(4, 5)，由于( )的优先级比*高，故先计算 ps(4, 5)，得到值 9，再取间接引用时就会出错，因为表达式 ps(4, 5)的值不是指针类型。

上述程序自定义了函数 square( )，其返回类型为 double，参数列表中有一个类型为 double 的参数。在 main( )函数中，"double(*pd)(double);"定义了函数指针 pd，其返回类型为 double，参数列表中只有一个 double 类型的参数。由于标准数学库<math.h>中定义的函数 sin( )、cos( )、exp( )等，都是返回类型为 double、只带一个 double 类型参数的函数，因此，pd = sin、pd=cos、pd=exp、pd=square 可以分别用指针 pd 指向 sin( )、cos( )、exp( )等标准库函数，以及自定义函数 square( )。

程序运行结果如下：

```
5 7 9
1.00000 0.500000 12.182494 1.000000
```

说明：

1）函数指针定义时，必须用( )运算符把*和函数的名字括在一起。以上述程序 main( )函数中的语句"int (*ps) (int, int);"为例，如果去掉*ps 前后的( )，则该语句变成"int *ps (int, int);"。这是一个函数声明的语句，ps 是函数的名字，其返回类型为 int*，所带的两个参数都是 int 类型，因此返回类型与作为函数指针时的定义相去甚远，最关键的是现在的名字

ps 不能作为指针被赋值为其他函数名或者函数指针。

2）定义函数指针时，只需要写清楚函数参数列表中参数的类型即可，至于参数的名字，可以忽略，因为不会用到参数的名字。

3）能够给函数指针赋值的必须是函数名或者函数指针，而且该函数或者函数指针必须与要赋值的函数指针在返回类型和函数参数列表两方面都相同，否则认为是不同类型的指针相互赋值，当然是不允许的。

4）函数指针可以先后指向同类型的不同函数，而且赋值时，只需把函数的名字赋值给函数指针即可。

5）对函数的调用既可以通过函数名进行，也可以通过函数指针实现。

10.3　指针与数组

10.3.1　指针与数组

C 中的数组和指针有着千丝万缕的联系，数组名是一个指向数组首元素的指针，对于数组所拥有的一块连续内存，既可以通过数组名和下标逐个访问，也可以通过指针逐个访问，使用指针访问的方式使得程序的运行效率更高。

【例 10.14】指针与数组的相互表示。

编写程序如下：

```
#include <stdio.h>
int main()
{
    int a[10];
    int n = 10;
    for (int i = 0; i < n; ++i)
        a[i] = i + 1;                          //数组名+下标
    for (int i = 0; i < n; ++i)
        printf("%d\t", *(a + i));              //数组名+偏移量
    printf("\n");
    int *p = a;
    for (int i = 0; i < n; ++i)
        p[i] *= 2;                             //指针名+下标
    for (int i = 0; i < n; ++i)
        printf("%d\t", *(p + i));              //指针名+偏移量
    printf("\n");
    return 0;
}
```

上述程序主要由 4 段组成，第一个 for 循环给数组元素赋值，第二个 for 循环输出数组元素，第三个 for 循环将数组元素都扩大至 2 倍，第四个 for 循环输出改变之后的数组元素。这 4 段程序分别采用 4 种方式访问数组元素：第一个 for 循环中表达式 a[i]是常规的数组名

与下标的访问方式；第二个 for 循环中表达式*(a + i)通过计算相对数组首地址 a 的偏移量来访问元素 a[i]；int *p = a;，定义整型指针 p 指向数组首地址；第三个 for 循环中表达式 p[i]把 p 视为数组名，并采用下标来访问元素 a[i]；第四个 for 循环中表达式*(p + i)通过计算相对指针 p 的偏移量来访问元素 a[i]。

程序运行结果如下：

```
1 2 3 4 5 6 7 8 9 10
2 4 6 8 10 12 14 16 18 20
```

从上述程序可以看出，指针 p 和数组名 a 能够相互表示、互换使用。一般来说，通过指针名+偏移量的方式访问数组元素的速度比通过数组名+下标的方式访问数组元素的速度要快。但是要注意的是：数组名 a 是一个常量指针，是不能修改的，任何企图修改它的操作（如赋值、自增/自减）都是错误的；而指针 p 则可以任意赋值，可以通过指针运算在一个合法的地址范围内任意改变。

表 10-1 总结了一维数组与指针的相互表示。

表 10-1　一维数组与指针的相互表示

访问项目	通过数组名 a 访问		通过指针名 p 访问	
访问第 i 个元素	a[i]	*(a+i)	p[i]	*(p+i)
访问第 i 个元素的地址	&a[i]	a+i	&p[i]	p+i

对于二维数组与指针的相互表示，只需记住 a[i][j]与*(*(a+i)+j)是等价的。

数组名作为函数参数时，形参既可以声明为数组类型，也可以声明为指针类型，但是实参必须是数组名或者指向数组中某个地址的指针。

【例 10.15】求出整型数组中值最大、最小的元素以及所有元素的和。

编写程序如下：

```
#include <stdio.h>
int calc(int* a, int n, int* pmax, int* pmin)
{
    int sum = a[0];                    //先初始化为a[0]
    *pmax = *pmin = a[0];              //先假定a[0]为最大值和最小值
    for (int i = 1; i < n; ++i) {      //从第二个元素开始比较判断
        if(*pmax<a[i])*pmax=a[i];      //若有更大的元素，则替换当前最大值
        if(*pmin>a[i])*pmin=a[i];      //若有更小的元素，则替换当前最小值
        sum += a[i];                   //累加求和
    }
    return sum;                        //返回所求元素的和
}
int main()
{
    int arr[] = {1, 2, 3, 4, 5, 6, 7, 8, 9};
    int n = sizeof(arr) / sizeof(*arr);//计算数组元素的个数
    int s, max, min;
```

```
    s = calc(arr, n, &max, &min);  //依次填入实参
    printf("sum = %d\n", s);
    printf("max = %d\n", max);
    printf("min = %d\n", min);;
    return 0;
}
```

上述程序中函数 calc( )需要计算并返回 3 个值，即最大值、最小值、元素的和，其中最大值 pmax、最小值 pmin 以指针传递的方式作为函数的输出参数，元素的和 sum 以返回值方式求出。函数的第一个参数 a 设为指针形式。在 main( )函数中，函数调用“s=calc(arr, n, &max, &min)”把实参数组名 arr 填入第一个参数，第三、四个参数填入实参变量 max、min 的地址。感兴趣的读者可以试试把函数 calc( )定义的 a 改成数组形式，把 sum 改成指针参数的形式输出，并考虑 main( )函数中应该如何改动。

程序运行结果如下：

```
sum = 45
max = 9
min = 1
```

10.3.2 字符数组、字符串常量与字符指针

字符数组中的每个元素都是一个字符。对字符数组的初始化可以逐个字符地赋给数组中各个元素，也可以用字符串常量来初始化字符数组。例如，下面对数组 a、b、c 的初始化：

```
char a[] = {'H', 'e', 'l', 'l', 'o'};
char b[] = "Hello";
char c[6] = "Hello";
```

说明：上述语句中，a 是有 5 个元素的字符数组，b 是有 6 个元素的字符数组，c 与 b 是同等的。上述字符数组 a 的类型是 char [5]，数组名 a 是 char * const 指针。

字符串常量是由双引号引起的字符序列，存放于内存中的常量数据区，编译器把它存放在一个字符数组中，并且自动在有效字符后面附加字符串结束符'\0'，以此作为计算字符串常量的依据，因此字符串常量的类型为常量字符数组。例如，字符串常量"Hello"可认为是包含字符串结束符'\0'在内共有 6 个字符的常量数组，其类型是 char const [6]，const 表示该数组的元素不容修改，由于数组名（即数组首地址）也不允许修改，因此字符串常量的类型可认为是 const char* const。由于系统在存放字符串常量时，会记下字符串常量存放的起始地址，即字符串常量中第一个字符的存放地址，因此字符串常量又具有地址属性。例如，可以用表达式&"Hello"求出字符串常量的存放地址。

字符指针如同其他类型的指针一样，需要定义，并且初始化或者赋值以指向一个明确的地址，还可以对字符指针进行常规的指针运算。与其他类型指针不同的是：输出字符指针就是输出该指针所指向的整个字符串，但输出其他类型的指针时，输出的是指针

所指的地址值；输出字符指针的间接引用，就是输出该指针所指向地址的字符，即字符串的首字符。

在程序设计中，常用字符指针来指向字符串常量和字符数组，并通过字符指针实现对字符串常量和字符数组的操作。字符串常量常用于初始化字符数组，或者给字符指针赋值，而不会直接进行操作。

字符数组和字符指针可以作为函数参数，相应的实参则可以是字符数组、字符指针或者字符串。如果在函数中需要修改某形参，那么对应的实参最好是字符数组。可以给字符指针名赋值，但是不能给字符数组名赋值，因为数组的名字是常量指针，不允许修改。

【例 10.16】连接两个字符串。

编写程序如下：

```
#include <stdio.h>
char* strConcatenate(char* first, const char* second)
{
    char* p = first;            //p指向第一个字符指针
    while (*p != '\0')          //一直将p前移到first的结束符所在的位置
        p++;
    while (*second != '\0') //判断第二个字符指针是否指向结束符
        *p++ = *second++;   //将second所指的元素赋值给p，然后同时前移两个指针
    return first;               //返回连接后的字符串
}
int main()
{
    char str[128] = "Hello";
    const char* p = " the World.";
    printf("%s\n", strConcatenate(str, p));
    printf("%s\n", str);
    /*printf("%s\n", strConcatenate(p, str));
    printf("%s\n", str);*/
    return 0;
}
```

上述程序中，定义函数 strConcatenate( )，将指针 second 所指的字符串连接到指针 first 所指字符串的后面，因此要求指针 first 所指的内存区域要足够大。该函数实现两个字符串连接的思路如下：先用一个指针 p 在第一个 while 循环中通过自增运算寻址到指针 first 所指字符串的结束符所在的地址，这是因为需要从这个位置接着存放指针 second 所指的字符串；然后在第二个 while 循环中同步前移指针 p 和 second，在此过程中把 second 指针所指的字符赋值到指针 p 所指的位置，注意表达式*p++ = *second++，实质上相当于两步计算的语句，即“*p=*second; p++, second++”。函数 strConcatenate( )的返回值是连接之后的字符串，即第一个参数。

上述程序中注释掉的两行在运行时会引起错误，原因已于前文述及：指针 p 所指为字符串常量，不能在函数 strConcatenate( )内部通过赋值操作“*p++ = *second++”修改这一块常量数据区。

程序运行结果如下：

```
Hello the World.
Hello the World.
```

字符串处理的标准库函数 strcat( )也可用于连接两个字符串。

10.3.3 指针数组、指向指针的指针与指向数组的指针

1. 指针数组

当数组的每个元素都是一个指针时，该数组即为指针数组。指针数组的定义形式如下：

```
数据类型标识符 * 指针数组名[元素个数];
```

例如，下面定义一个二维数组 a 和一个指针数组 p：

```
int a[3][4];
int* p[3];
```

如图 10-7 所示，二维数组 a 有 3 行 4 列，可以认为它是由 3 个长度为 4 的一维数组组成的，即 a[0]、a[1]、a[2]，只要得到这 3 个一维数组的首地址，就可以分别对它们的元素进行访问。实际上，这 3 个一维数组的首地址就是 a[0]、a[1]、a[2]。指针 p 恰好有 3 个指针类型的元素 p[0]、p[1]、p[2]，让它们分别指向数组 a 的 3 个一维数组，即 p[0]=a[0]、p[1]=a[1]、p[2]=a[2]，这样就可以通过指针 p 访问数组 a 的元素。

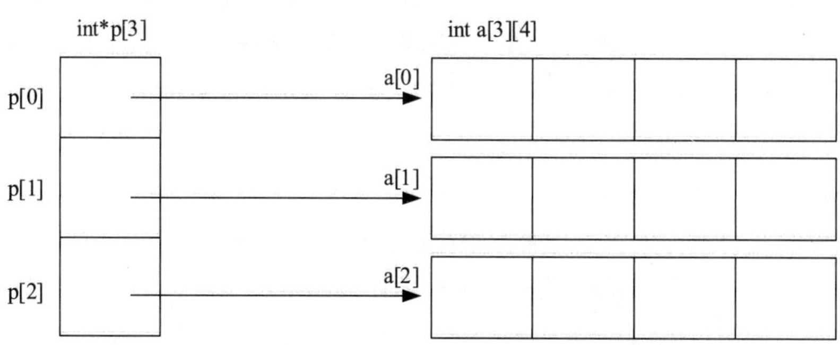

图 10-7 用指针数组指向二维数组

【例 10.17】用指针数组访问二维数组。

编写程序如下：

```
#include <stdio.h>
int main()
{
    int a[3][4];
```

```
    int* p[3];
    for (int i = 0; i < 3; ++i)
        p[i] = a[i];                    //让p[i]指向a[i]
    for (int i = 0; i < 3; ++i) {
        for (int j = 0; j < 4; ++j)
            a[i][j] = i + j + 1;    //通过二维数组名和下标访问元素
    }
    for (int i = 0; i < 3; ++i) {
        for (int j = 0; j < 4; ++j)
            printf("%d\t", p[i][j]);//通过指针数组名和下标访问元素
        printf("\n");
    }
    return 0;
}
```

上述程序中第一个 for 循环让指针数组 p 的元素分别指向二维数组中对应的一维数组。第二个 for 循环及其嵌套 for 循环通过二维数组名和下标组合的常规访问方式，给每个元素赋值。第三个 for 循环及其嵌套 for 循环通过指针数组 p 和下标来访问数组的元素。

程序运行结果如下：

```
1 2 3 4
2 3 4 5
3 4 5 6
```

2. 字符指针数组

若指针数组中的每个元素都是一个字符指针，则该数组是字符指针数组，当字符指针数组中的每个元素都用一个字符串常量来初始化时，也称该数组为字符串数组。例如，下面定义了一个字符指针数组 countries，数组中的每一个字符指针元素都指向一个字符串常量。

```
char* countries[] = {"China", "USA", "Russia",
 "France", "Germany"};
```

字符指针数组为字符串的处理带来很大的方便。

【例 10.18】把字符串数组中的所有字符串连接起来。

```
#include <stdio.h>
#include <string.h>
char* strArrayConCat(const char* str[], int n)
{
    static char buffer[256];
    strcpy(buffer, str[0]);
    for (int i = 1; i < n; ++i)
        strcat(buffer, str[i]);
    return buffer;
```

```
}
int main()
{
    const char* greetings[] = { "How ","do ","you ","do?" };
    int n = sizeof(greetings) / sizeof(*greetings);
    printf("%s\n", strArrayConCat(greetings, n));
    return 0;
}
```

上述程序中定义函数 strArrayConCat( )实现字符串的连接，待连接的字符串以字符指针数组的方式传入。多个字符串连接成一个字符串时，第一个字符串用 strcpy 复制到目标字符数组，后面的字符串全部用 strcat 连接到目标字符数组。函数 strArrayConCat( )中用长度为 256 的局部静态数组来存放连接之后的字符串。

程序运行结果如下：

```
How do you do?
```

3. 字符串数组

字符指针数组（或者字符串数组）可视为二维字符数组。例如，定义字符串数组 countries 如下：

```
char countries[][10] = {"China", "USA", "Russia",
"France", "Germany"};
```

字符串数组的二维字符数组存储方式和字符指针数组存储方式是有区别的。如图 10-8 所示，当字符串数组采用二维字符数组的方式存储时，要求数组第二维的长度不能小于字符串数组中最长的字符串的长度，即 countries[4]所指字符串的长度，因此这对于存储空间是一种浪费。而字符指针数组不会出现这种现象，它可以容许字符串长短不一，因而显得灵活。但是，由于字符指针数组中每个元素都是指向字符串常量的指针，因此，对于每个元素的修改操作是不允许的。例如，下面程序段中的 strcpy 操作会引起运行错误：

```
const char* countries[] = {"China", "USA", "Russia",
"France", "Germany"};
int n = sizeof(countries) / sizeof(*countries);
for (int i = 0; i < n; ++i)
  strcpy(countries[i], "UN");
```

即上述 strcpy 操作是不允许的。而二维字符数组中的每个元素是一个一维数组，因此可以对这些一维数组进行如下修改操作：

```
char countries[][10] = {"China", "USA", "Russia",
"France", "Germany"};
int n = sizeof(countries) / sizeof(*countries);
for (int i = 0; i < n; ++i)
  strcpy(countries[i], "UN");
```

即上述的 strcpy 操作是可以的。

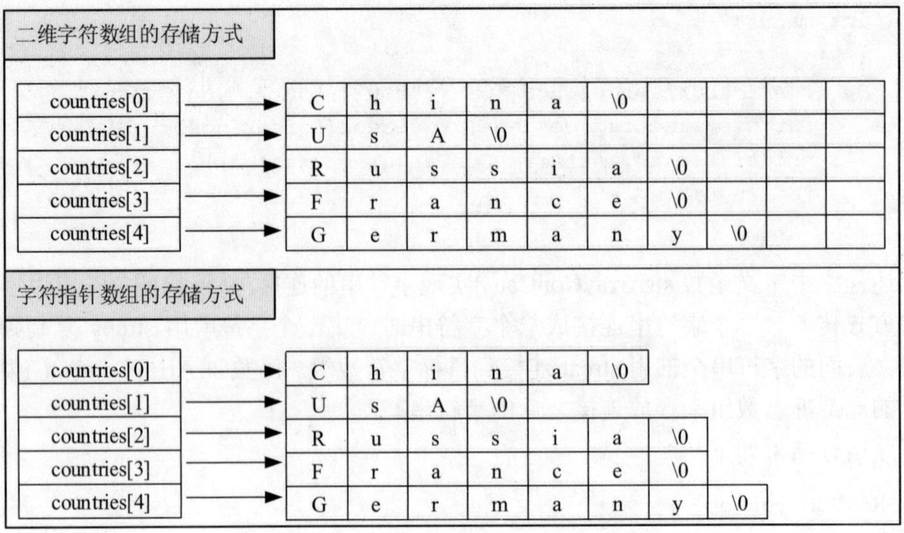

图 10-8 字符串数组的两种存储方式

4. 命令行参数

C 语言中关于 main( )函数的标准形式如下：

```
int main() {}
```

实际上，main( )函数也可以带有参数，其形式如下：

```
int main(int argc, char* argv[])
```

如同普通函数一样，调用 main( )函数时也可能需要传入参数。操作系统以字符串形式的命令行参数把实参传递给 main( )函数，上述 main( )函数的第二个参数 argv 是一个字符指针数组，在它里面容纳的就是命令行参数，第一个参数表示字符指针数组中元素的个数。要注意的是：argv [0]通常表示可执行程序的名字，真正的命令行参数是从 argv[1]开始的。

【例 10.19】命令行参数示例。

编写程序如下：

```
#include <stdio.h>
int main(int argc, char* argv[])
{
    if (argc < 3) {
        printf("Please enter at least two arguments.\n");
        return 0;
    }
    int i = 0;
    while (i < argc) {
        printf("%s\n", argv[i]);
        ++i;
```

```
        }
        return 0;
    }
```

上述程序中 if (argc < 3)对命令行参数的个数 argc 进行检查，如果 argc 小于 3，说明没有输入所需的 2 个参数。while 循环通过循环变量 i 输出字符指针数组中的每个元素 argv[i]，即所有的命令行参数。若读者在测试这个程序时，所建立工程的名字为 welcome，且该工程存放于 F 盘，则如图 10-9 所示，argv[0]为可执行程序的名字 welcome，其后依次是用空格隔开的各个命令行参数。

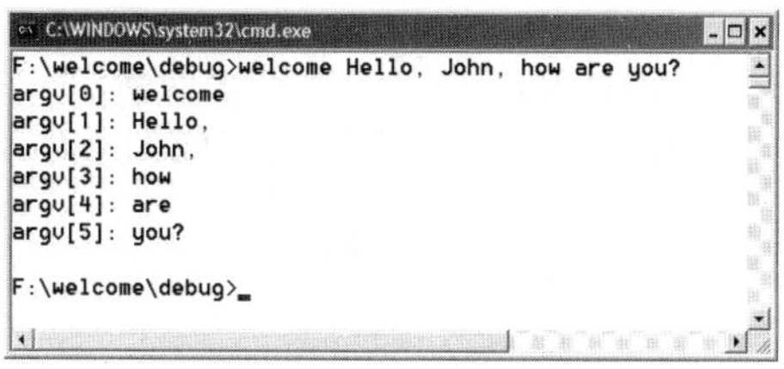

图 10-9　命令行参数示例

5. 指向指针的指针

数组名是一个常量指针，它指向数组元素的首地址，如果数组刚好又是一个指针数组，则该数组名为指向指针元素的指针，即指向指针的指针，也称二级指针。指向指针的指针的定义形式如下：

```
数据类型标识符 ** 指针名;
```

例如，下面的程序通过指向指针的指针来访问字符串数组。

【例 10.20】二级指针用法示例。

编写程序如下：

```
#include <stdio.h>
int main()
{
    const char* str[] = { "abc", "def", "ghi" };
    int n = sizeof(str) / sizeof(*str);
    const char** p = str;
    for (int i = 0; i < n; ++i)
        printf("%d\t", p[i]);
    printf("\n");
    return 0;
}
```

上述程序中“const char** p = str”定义了指针的指针 p，并初始化为字符指针数组 str，在 for 循环中，表达式 p[i]用下标访问数组中的每个字符串并输出。

程序运行结果如下：

```
abc def ghi
```

6. 指向数组的指针

对于二维数组的访问，也可以通过指向数组的指针来实现。指向数组的指针的定义形式如下：

```
数据类型标识符 (*指针名) [数组长度];
```

例如，下列语句定义了一个指向数组的指针 p：

```
int (*p)[4];
```

需要说明的是，上述定义中圆括号运算符( )一定不能缺，由于方括号运算符[]的优先级比星号运算符*的优先级大，如果忘记( )，则上述语句成为下列形式：

```
int *p[4];
```

即定义了一个指针数组 p，与定义的初衷大相径庭。

如图 10-10 所示，指向数组的指针 p 所指向的是一个包含 4 个元素的一维数组，并且指针 p 所指的一维数组只能有 4 个元素，即指向数组的指针只能指向具有同等列长度的二维数组。p 的值就是该一维数组的首地址，对所指一维数组中 4 个元素的访问分别是(*(p))[0]、(*(p))[1]、(*(p))[2]、(*(p))[3]。当指针 p 指向某二维数组的第 i 行时，p+i 即为该行首元素的地址，因此，对这一行中 4 个元素的访问分别是(*(p+i))[0]、(*(p+i))[1]、(*(p+i))[2]、(*(p+i))[3]。更进一步，通过指向数组的指针 p 来访问二维数组第 i 行第 j 列的元素时，一般形式为(*(p+i))[j]，或者 p[i][j]，或者*(*(p+i)+j)。

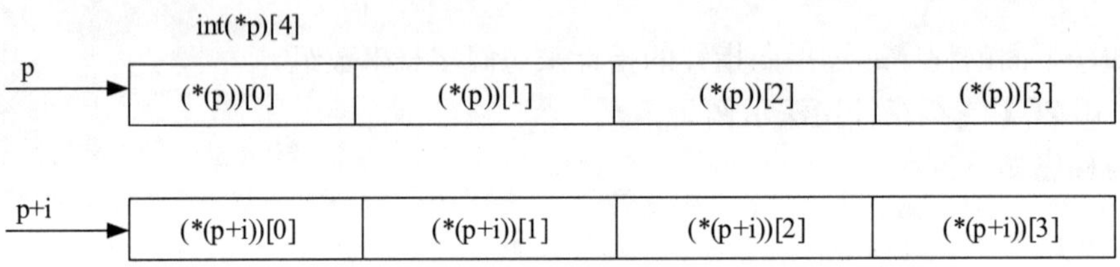

图 10-10　指向数组的指针 p

指向数组的指针常用作函数参数，作为函数参数时，必须以编译期常量指明该指针所指向一维数组的长度，或者二维数组的列的长度。函数调用时相应实参（即填入的二维数组）的列的长度必须与形参声明中的长度相等。

10.4　动态内存分配

10.4.1　基本概念

1. 堆内存及其分配

在程序中，若有下列变量定义语句：

```
int x = 10, y = 20;
```

```
double d[10];
```

则在编译期间，系统需要根据各个变量的数据类型给它们分配相应的内存空间以便存储它们。这种内存分配的方式是在编译期间由系统自动完成的，因此是静态内存分配。

但是，这种内存分配的方式有时显得不够灵活。以上面数组 d 的定义为例，定义数组时，必须以编译期常量的方式指明数组的维数，10 个长度可能显得有点多，但是对于另外的应用场合可能又不够长，因此，如果能在程序运行期间，根据实际的需要动态给定数组的长度，这样既节约了系统内存，又增加了程序的灵活性。在程序运行期间给变量分配内存的方式就是动态内存分配。

每个程序在运行期间，系统都会给它分配一块内存。这块内存通常包括数据区、代码区、栈区和堆区。数据区主要用于存放全局数据、静态数据及常量。代码区存放程序中所定义函数的代码。栈区是函数调用发生的主要区域，用于存放函数调用时的活动记录，包括返回地址、形参、局部变量等。剩下的一块内存区域即为堆区，它是动态内存分配发生的主要场合，主要供用户在程序运行期间动态申请。

对堆内存的动态申请和释放可以通过两种方式实现，即 C 语言中的函数 malloc( )/free( )。malloc( )用于内存申请，free( )用于内存释放。malloc( )申请内存成功之后，会返回一个指针指向这块连续内存的首地址。如果没有足够的内存供用户申请，则动态分配失败，这个指针的值为 NULL。申请的内存完成其操作后，一定要记得用 free( )来释放内存，否则会造成内存泄漏。

2. assert 断言宏

为确保内存分配成功，通常需要对 malloc( )返回指针的值进行检查，其中一个有力的检查工具就是 assert 宏。该宏对需要判断的表达式首先求值，若结果为真，则不会有任何影响；但若表达式结果为假，如执行 assert(1 > 2)，则断言失败，系统会输出所断言的表达式、表达式所在文件的名字、表达式在文件中的行号，并且弹出一个对话框，要求退出程序。为运用 assert 宏，需要包含头文件<assert.h>。

3. void 指针

void 指针是一种通用指针，它可以指向任意数据类型的变量。但是在给其他类型指针赋值时，需要把 void 指针强制转换成该指针类型。

10.4.2 malloc( )/free( )

malloc( )的函数原型如下：

```
void *malloc(size_t size);
```

参数 size 表示需要申请内存的大小，该大小通常需要根据数据类型计算。返回类型是一个 void 指针，表示可用于任何数据类型，通常要把该返回指针强制转换成某个数据类型后才给其他指针赋值。

free( )的函数原型如下：

```
void free(void *memblock);
```

参数表示需要释放的内存块，通常是 malloc( )返回值所赋值的指针。不要对同一个指针连续释放两次，否则会引起程序运行错误。

malloc( )和 free( )是 C 语言的标准库函数，使用时需包含头文件<stdlib.h>。

【例 10.21】数组的动态申请：用 malloc( )/free( )实现。

编写程序如下：

```
#include <stdio.h>
#include <stdlib.h>
#include <assert.h>
int main()
{
    int* pn;
    int length;
    printf("Please enter size of array: ");
    scanf("%d", &length);                         //输入数组长度
    pn = (int*)malloc(sizeof(int) * length);    //动态申请数组
    assert(pn != NULL);
    int i;
    for (i = 0; i < length; ++i)
        pn[i] = i + 1;                            //给数组元素赋值
    for (i = 0; i < length; ++i)
        printf("%d\t", pn[i]);                    //输出数组元素
    printf("\n");
    free(pn);                                     //释放内存
    return 0;
}
```

上述程序通过"scanf("%d", &length);"从键盘输入数组长度,"pn = (int*)malloc(sizeof(int) * length);" 按照该长度动态申请数组，成功申请后，pn 拥有一块连续的内存区域，可视为一个数组，随后可以在两个 for 循环中按照数组的方式访问各元素。

程序运行结果如下：

```
Please enter size of array: 5 ↙
1 2 3 4 5
```

本 章 小 结

（1）关于各种指针的定义形式

1）int*p[4]与 int(*p)[4]的差别。[ ]是数组的标志。前者表示定义一个指针数组 p，它有 4 个元素。后者表示定义一个指向数组的指针 p，它所指向的数组每列必须有 4 个元素。

2）int*p( )与 int(*p)( )的差别。( )是函数的标志。前者表示定义一个函数 p，它的返回

类型为 int*，不带任何参数。后者表示函数指针 p 的定义，该函数指针指向的函数的返回类型为 int，不带任何参数。

（2）关于指针的运算

指针的运算是应用指针的基础。除了基本的&和*运算，指针还能够执行算术运算，包括加减一个有限的整数、增量/减量运算，两个指针相减。同类型的指针可以相互赋值，指针可以进行关系运算。

此外，指针和数组可以相互表示。在访问数组元素时，指针可以视为数组名而进行下标运算。

（3）关于指针与函数

在需要保留函数对实参的修改、传递多个输出参数、传递大的变量时，可以采用指针作为函数的参数。指针也可以作为函数的返回类型，为了正确地返回指针，可以返回指向全局变量和局部静态变量的指针、指向堆变量的指针、作为函数参数的指针。函数指针作为一种特殊的指针，常用于实现不同的策略。

（4）关于字符数组、字符串常量与字符指针

字符数组、字符串常量与字符指针有着非常紧密的联系。字符数组和字符指针都可以作为函数形参，而相应的实参，既可以用字符数组和字符指针，有时候也可以用字符串常量。但是它们之间的差别也是明显的，在有些场合作为实参传递可能会有不同的结果。

（5）二维数组与指针数组、指向指针的指针、指向数组的指针

指针数组、指向指针的指针以及指向数组的指针虽然有着不同的定义形式，但是在访问二维数组时，都可以同等视为数组名，而采用下标的方式访问。在用作函数的形参和实参时，这四者可以相互传递。

（6）关于动态内存分配

用 malloc( )/free( )函数可以实现内存的动态分配。需要强调的是，申请的内存一定不要忘记释放。

习 题

1. 编写函数，利用指针求出数组 a 中值最大的元素。

2. 编写函数，利用指针实现：从数组 a 中下标为 i 的元素开始，所有元素向下标减小的方向同时移动 n 个位置。

3. 编写函数，利用指针实现：把从键盘输出的 4 个数按照从小到大的顺序排列。

4. 编写 3 个函数，分别实现：查找字符 c 是否在字符串 s 中出现；若出现，则求出该字符出现的次数；输出该字符所有出现的位置。

5. 编写函数，查找字符串 s 在字符串 t 中首次出现的位置。利用该函数，找出字符串 s 在字符串 t 中所有出现的位置。

6. 判断数组 a 是否有序，从小到大或者从大到小都可以。

7. 有序数组 a 有 m 个元素，有序数组 b 有 n 个元素，编写函数把 a 和 b 合并成一个新的有序数组。

8. 编写一个函数，利用指针作为输出参数：求出二维数组 a 中值最大、最小的元素，以及平均值。

9. 数组 a 中有若干质数，请利用动态内存分配，把质数提取出来组成一个新的数组。

10. 某班有 30 名同学，在一次期末考试中共考了 4 门课程，编写程序实现：

1）统计某同学的平均分；

2）统计某课程的平均分；

3）根据某单科课程的成绩做一个排名；

4）根据所有课程的平均分做一个排名；

5）输出每个同学的 5 个排名值：4 个单科成绩的排名、1 个平均成绩的排名。

第 11 章　复杂结构设计

允许用户自定义数据类型是 C 语言的重要机制。为了更真实地描述现实世界中的概念，除了直接应用 C 语言的基本数据类型外，用户也可以根据问题的需要，在程序中自定义数据类型来描述具有某类性质的数据。有了自定义数据类型，用户可以在计算机上处理相关类型的数据。

本章介绍结构的概念及基本操作，讨论结构与数组、结构与指针、结构与函数的应用，介绍链表的概念及常用操作，以及枚举、联合的概念及应用。

通过本章的学习，应理解结构、枚举、联合的概念，熟练掌握结构类型的定义及操作，能够综合应用结构、数组、指针解决常见问题，能够应用枚举类型，理解链表的操作算法。

11.1　结　　构

11.1.1　结构的概念

假设某程序员需要设计一个系统管理某班 30 名学生的信息，包括学生姓名、学号、所属专业、所在班级、某学期所有 5 门课的成绩等。首先考虑这些信息的存放，为存储 30 名学生的姓名，需要定义长度为 30 的字符串数组 name。每个同学都有一个学号，需要定义一个长度为 30 的无符号整型数组 sid 表示。这 30 名学生的专业和班级名称都是相同的，可以分别用字符串 specialty 和 classname 表示。为存储每名学生的 5 门课程成绩，需要定义一个类型为 double 的二维数组 score，它的行和列分别长 30 和 5。最后，为表示这些信息定义的变量如下：

```
char* name[30];
unsigned int sid[30];
char* specialty;
char* classname;
double score[30][5];
```

在这种定义方式中，由于信息的数据类型各不相同，因此它们只能存储在各个数组中，这就需要非常清晰地定义数据之间的对应关系，如规定学号在数组 sid 中顺序存放，姓名也按照学号顺序对应地存放在 name 数组中，同样成绩也需要这种对应关系。

接着，该程序员需要对这些数据进行操作，为查找学号为 12 的学生的所有信息，需要在 name 数组中按照学号的对应关系找到他的姓名，同样需要在 score 数组中对应找到各门课程的成绩。记住这种对应关系是必要的，若记错，则查找出来的信息也会是错误的。

定义一个 find( )函数以便根据学号 myid 查找其他的信息，如果学号没错，则可以找到其他信息，因此返回“真”表示成功，返回“假”表示失败。但是如何把找到的这些信息返回去呢？可以用指针传递函数的输出参数，定义如下所示的函数 find( )：

```
bool find(unsigned int myid, char* myname, char* myspecialty,
char* myclassname, double myscore[5]);
```

处理一名学生的 4 个输出信息是比较简单的，但是如果需要同时查询多个同学的信息，就需要在程序中重复定义相同类型的类似变量，这个工作量将非常大。

在这个例子中存在的问题是：本来是相互关联的信息由于各自数据类型的不同，对它们的存储分散到各个地方，对数据的处理不能作为一个整体、以一种高效的方式进行。

因此，需要一种机制把不同类型的数据聚合在一起，使它们成为一个整体。访问到一个数据，就能够同时得到其他的数据，所有对这些数据的访问和操作都是同步的，这就是结构数据类型。结构作为一种用户自定义的数据类型，具有非常强大的“凝聚力”，只要是具有一定关联度的信息，可作为一个整体而共同存在、同步处理的数据，都可以定义为一种结构类型。

11.1.2 结构类型的定义

结构定义需要用到关键字 struct，定义的语法格式如下：

```
struct 结构类型名
{
    //结构成员的定义
    数据类型标识符 成员名;
    //…
};
```

说明：

1）首行“struct 结构类型名”是结构定义头，常用于结构类型的声明。

2）左右花括号“{}”括起来的部分是结构定义体，可以在其中声明结构成员，或者说在结构定义体中声明的变量，都是该结构的成员。

3）结构定义一定要以分号结束。

4）结构类型名通常以首字母大写、有意义的单词组成，若由多个单词组成，则每个单词的首字母大写，并且所有单词书写时要紧挨着，中间不要留空格，如 Date、StudentInfor 等。

5）通常结构定义在文件作用域中，定义在块作用域中的结构只能在该块中访问。

【例 11.1】结构定义示例：有理数结构类型 Rational。

编写程序如下：

```
struct Rational
{
    int numerator;                          //分子
    int denominator;                        //分母
};
```

为表示类似 1/2、-3/4 的数据，可以如上定义结构类型 Rational。每个分数由它的分子和分母完全确定，因此设置两个成员 numerator、denominator 分别表示分子、分母。为便于计算，规定有理数的标准形式具备 3 个条件：分子与分母互质、分子与分母都是整型数、若有负号只能出现在分子上。

【例 11.2】结构定义示例：日期结构类型 Date。

编写程序如下：

```
struct Date
{
    int year;                               //年
    int month;                              //月
    int day;                                //日
};
```

为表示具体的一个日期，上述程序段定义了结构类型 Date，它有 3 个 int 类型的成员 year、month 和 day，分别表示年、月、日。如同普通变量的声明，当成员的类型相同时，也可以写在一行，用一个数据类型标识符声明，如下所示：

```
struct Date
{
    int year, month, day;
};
```

不过，前面一种形式便于对各成员的注释和说明。

感兴趣的读者可以仿照上述结构类型，定义时间结构类型 Time，它有 3 个成员 hour、minute、second，分别表示小时、分和秒。

【例 11.3】结构定义示例：学生结构类型 Student。

编写程序如下：

```
struct Student
{
    char name[80];                          //姓名
    unsigned int sid;                       //学号
    struct Date birthday;                   //出生日期
    char specialty[80];                     //专业名称
    char classname[80];                     //班级名称
    double score[5];                        //五门课的成绩
};
```

为表示学生的信息，上述程序段定义了结构类型 Student，它一共有 6 个成员：字符数组 name 表示学生姓名，无符号整型数 sid 表示学号，Date 类型的变量 birthday 表示出生日期，字符数组 specialty 表示专业名称，字符数组 classname 表示班级名称，double 类型的数组 score 表示 5 门课程的成绩。

在Student结构定义中，成员birthday的类型是Date结构类型，就要求结构Date的定义要在Student定义之前，否则会引起编译错误。

对于上述结构类型的定义，需要强调的是：在结构定义体中的成员只是声明的性质，并没有对它们分配内存存储，因而不能在结构体中初始化结构成员。只有在定义结构变量后，这些成员才随着结构变量的生成而存在，才可以初始化、赋值。例如，如下程序段：

```
struct Rational
{
    int numerator = 1;
    int denominator = 2;
};
```

上述程序段对两个成员的初始化都是错误的，因为这两个语句并不是定义成员，而是对成员的声明。

11.1.3 结构变量的定义及初始化

在用struct定义一个结构后，就诞生了一种新的数据类型，如前面定义的Rational、Date、Student以及Rectangle都是自定义的结构类型，它们的名字就是数据类型标识符。这些标识符如同int、char、float、double一样，具有同等的地位，都表示一种数据类型。

数据类型的功能必须通过该类型的变量或者对象才能体现。例如，为测试int类型所具有的功能，需要首先定义int类型的变量x和y：

```
int x, y;
```

然后对x和y初始化或者赋值以及算术运算，逐步揭示int类型数据所具有的性质。

结构变量的定义和int变量的定义的方式是一样的，形式如下：

```
结构类型标识符  结构变量名;
```

在C程序中，定义结构变量时，结构类型标识符的前面还需要加上struct关键字。

结构变量在定义的同时可以对它初始化，初始化的方式如下：

```
结构类型标识符  结构变量 = {初始化值列表};
```

在上述形式中，初始化值列表必须按照结构成员的顺序对应排列，且值的数据类型需要与成员的数据类型一致（或者经转换后一致也可）。

【例11.4】Date结构变量的定义及初始化。

编写程序如下：

```
#include<stdio.h>
struct Date                                    //定义日期结构类型
{
    int year, month, day;
};
int main()
```

```
#07     {
#08         struct Date whatDay;                        //定义结构变量
#09         struct Date today = {2020, 10, 1};          //定义结构变量并初始化
#10         struct Date newYearDay = {2021, 1, 1};      //定义结构变量并初始化
#11         return 0;
#12     }
```

在上述程序中，首先定义结构类型 Date。在 main( )函数中第 8 行定义结构变量 whatDay，没有对该变量初始化。第 9 行定义结构变量 today，并初始化为具体的一天，其中数据 2020 初始化变量 today 的 year 成员，数据 10 初始化 today 的 month 成员，数据 1 初始化 today 的 day 成员。第 10 行定义结构变量 newYearDay，并初始化为 2021 年 1 月 1 日。

【例 11.5】 Point 结构变量的定义及初始化。

编写程序如下：

```
#01     #include<stdio.h>
#02     struct Point                                    //定义点结构类型
#03     {
#04         int x, y;
#05     };
#06     int main()
#07     {
#08         struct Point a = {1, 2};                    //定义结构变量并初始化
#09         struct Point b = {3, 4};                    //定义结构变量并初始化
#10         struct Point* p = &a;                       //定义结构指针并初始化
#11         p = &b;                                     //指向另外一个结构变量
#12         return 0;
#13     }
```

上述程序中首先定义结构类型 Point。在 main( )函数中第 8 行定义结构变量 a，并把 a 的成员 x 和 y 分别初始化为 1 和 2。第 9 行定义结构变量 b，并把 b 的成员 x 和 y 分别初始化为 3 和 4。第 10 行定义结构指针 p，并初始化为 a 的地址，即指向 a。在第 11 行通过赋值运算让 p 指向 b。

11.1.4　结构成员访问

为了让结构变量的成员有确定的值，可以利用以下两种方式：第一，在定义该结构变量的时候对它初始化，初始化结构变量时是把该变量的成员作为一个整体进行的；第二，单独访问结构变量的某个成员，然后对它赋值。对结构变量的成员赋值，需要首先访问变量的某个成员。

对结构变量的成员的访问，主要涉及两个运算符：圆点运算符（.）和箭头运算符（->）。当左边是结构变量时，用圆点运算符；当左边是结构指针时，用箭头运算符。

【例 11.6】 访问 Rational 结构成员示例。

编写程序如下：

```
#01     #include <stdio.h>
#02     struct Rational                                        //定义有理数结构类型
#03     {
#04         int numerator;                                     //分子
#05         int denominator;                                   //分母
#06     };
#07     int main()
#08     {
#09         struct Rational a = {2, 3};
#10         struct Rational b;
#11         b.numerator = 3;
#12         b.denominator = 4;
#13         printf("b: \t%d/%d\n", b.numerator, b.denominator);
#14         struct Rational* p;
#15         p = &a;
#16         p->numerator = 5;
#17         p->denominator = 6;
#18         printf("a: \t%d/%d\n", p->numerator, p->denominator);
#19         return 0;
#20     }
```

上述程序中首先定义结构类型 Rational。在 main( )函数中，第 9 行定义结构变量 a，并把它的成员分别初始化为 2 和 3。第 10 行定义变量 b，在第 11、12 行通过圆点运算符访问到 b 的成员 numerator 和 denominator，并分别赋值为 3 和 4。第 13 行输出结构变量 b 的成员的取值。第 15 行把结构指针 p 赋值为 a 的地址，在第 16、17 行分别通过箭头运算符访问 p 所指变量（即 a）的成员，并赋值。在第 18 行输出 a 的成员的取值。

程序运行结果如下：

```
b:  3/4
a:  5/6
```

箭头运算符也可以化为圆点运算符。例如，上述程序中第 16、17 行，结构指针 p 对成员的访问也可以化为如下形式：

```
(*p).numerator
```

对指针 p 去引用后得到 p 所指向的结构变量，然后用圆点运算符访问成员。注意在上面的表达式中一定要用圆括号把*p 括起来，因为圆点运算符的优先级比*的优先级高。

【例 11.7】模拟计算 π 值。

如图 11-1 所示，图中四分之一扇形的半径与正方形边长相等，它们的面积之比为 π/4。现随机产生一批点，统计落在扇形内部的点的个数与所产生点的总数，近似认为它们分别是扇形和正方形的面积，两者之比应等于 π/4，从而可以粗略计算 π 值。

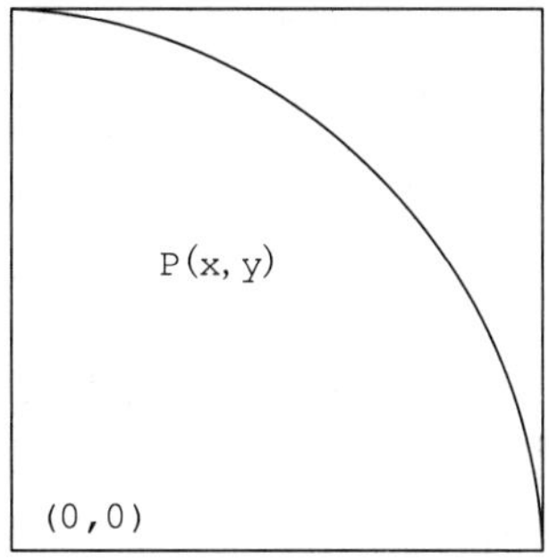

图 11-1　模拟计算 π 值

C 库函数中产生随机数的函数 rand( )返回随机数的范围是[0, RAND_MAX]，其中 RAND_MAX 是系统定义的一个常量，因此可以假设正方形的边长为 RAND_MAX，则产生的随机点会全部落在正方形中，当该随机点到原点的距离小于半径 RAND_MAX 时，可以认为此点落在扇形内。

编写程序如下：

```
#01     #include <stdio.h>
#02     #include <stdlib.h>
#03     #include <time.h>
#04     struct Point                                    //定义点结构类型
#05     {
#06         int x, y;
#07     };
#08     int main()
#09     {
#10         const int N = 100000000;                    //产生随机点的个数
#11         int n = 0;                                  //统计符合条件的点的个数
#12         int k = RAND_MAX * RAND_MAX;                //到原点距离的平方
#13         struct Point t;                             //存放将要产生的点
#14         srand((unsigned)time(NULL));                //初始化随机数的种子
#15         for (int i = 0; i < N; ++i) {
#16             t.x = rand();                           //随机产生x值
#17             t.y = rand();                           //随机产生y值
#18             if (t.x * t.x + t.y * t.y <= k)         //判断是否在扇形内
#19                 ++n;                                //若是，则增加计数器
#20         }
#21         double PI = 4 * double(n) / N;              //计算PI值
#22         printf("%f\n", PI);
#23         return 0;
#24     }
```

上述程序首先定义了结构类型 Point，其成员为横纵坐标 x 和 y。在 main( )函数中，第 13 行定义结构变量 t，第 16、17 行随机产生点的 x、y 值，随即在第 18 行计算该点与原点

的距离，若满足 if 判断条件，则增加个数计数器 n。当产生随机点的个数达到 100 000 000 时，求出 PI 的值为 3.141497。注意每次计算的结果不一定相同。

程序运行结果如下：

```
3.141497
```

关于结构类型和结构变量，最后需要说明的是结构变量的存储结构以及结构变量（或者结构类型）所占用内存的大小。

由结构类型定义结构变量之后，每个结构变量都拥有了自己的结构成员。这些结构成员按照在结构类型中声明的顺序，在内存中顺序存储。需要说明的是，结构变量所占用内存的大小，并不是该变量中所有成员按其数据类型所占用内存的总和。以结构类型 Sample 为例，其定义如下：

```
struct Sample
{
    char c;
    int n;
    double d;
    char s[78];
};
```

在 32 位系统上，数据类型 char、int、double 的变量 c、n、d 分别占用内存的字节数是 1、4、8，字符数组 s 占用 78 字节内存，因此，简单相加后得到 91 字节，但实际上 Sample 类型的变量占用内存字节数为 96（这可以通过 sizeof(Sample)获取）。之所以会多出来 5 个字节，是因为系统在存储各成员变量时进行了对齐处理。

11.2 结构与数组

前面对学生的相关信息已经定义了结构 Student，为存储某班 30 名学生的信息，显然需要用到数组，此时数组元素的类型是自定义的结构类型 Student，因此该数组是结构数组。

如同基本数据类型数组的定义语法，结构数组定义的格式如下：

```
结构类型标识符 数组名[数组长度];
```

也可以仿照基本数据类型定义二维或者多维结构数组。

如同基本数据类型数组的初始化，结构数组初始化的形式如下：

```
结构类型标识符 数组名[数组长度] = {初始化值列表};
```

其中数组长度也可以忽略，系统会自动根据初始化值列表中元素的组数来确定长度，用户则可以通过 sizeof 运算符计算该长度。

由于结构数组中的元素都是结构类型，在对各元素的成员运用圆点运算符访问之前，先要通过数组名和下标访问该元素。

【例 11.8】结构数组的定义及初始化示例。

编写程序如下：

```
#01    #include <stdio.h>
#02    struct Student                                 //定义学生结构类型
#03    {
#04        unsigned int sid;                          //学号
#05        char name[80];                             //姓名
#06        char gender;                               //性别
#07        double score;                              //成绩
#08    };
#09    int main()
#10    {
#11        struct Student s[] = {{20210001, "Tom", 'm', 85},
#12                              {20210002, "Jerry", 'f', 90},
#13                              {20210003, "Mike", 'm', 95},
#14                              {20210004, "Jone", 'f', 92}};
#15        int n = sizeof(s) / sizeof(*s);            //计算数组元素的个数
#16        for (int i = 0; i < n; ++i) {
#17            printf("Student %d: ", i + 1);
#18            printf("%d\t%s\t", s[i].sid, s[i].name);
#19            printf("%c\t%.f\n", s[i].gender, s[i].score);
#20        }
#21        printf("\n");
#22        return 0;
#23    }
```

上述程序中定义了结构类型 Student，它有 4 个成员分别表示学号、姓名、性别、成绩。在 main( )函数中，第 11 行定义结构数组 s，并用 4 组数分别对元素初始化，每一组数据表示一个完整的 Student 变量，因此需要用{}括起来，外部的{}表示这 4 组数据是一个数据的集合。第 15 行计算数组中元素的个数。第 18、19 行先通过下标运算符访问第 i 个元素，再通过圆点运算符访问各个成员。

程序运行结果如下：

```
Student 1: 20210001  Tom     m 85
Student 2: 20210002  Jerry   f 90
Student 3: 20210003  Mike    m 95
Student 4: 20210004  Jone    f 92
```

对上述结构数组 s 的访问，也可以先定义一个结构指针 p 指向数组 s 的首地址，再通过 p 逐个访问数组的元素。感兴趣的读者可以按照这个思路修改上述程序。

11.3　结构与指针

11.3.1　指向结构变量的结构指针

指向结构变量的指针称为结构指针。通过结构指针可以访问它所指向的结构变量及其成员。结构指针包含的地址是其所指的结构变量的存放地址，也是该结构变量的第一个成员的地址。

结构指针访问成员时，一般需要用箭头运算符，也可以对指针间接引用后运用圆点运算符。

【例 11.9】指向结构变量的结构指针应用示例。

编写程序如下：

```
#01    #include <stdio.h>
#02    struct Employee                          //定义职员结构类型
#03    {
#04        unsigned int id;                     //工号
#05        char name[80];                       //姓名
#06        double salary;                       //工薪
#07    };
#08    int main()
#09    {
#10        struct Employee e;
#11        struct Employee *pe = &e;            //定义结构指针并初始化为e的地址
#12        printf("Please enter id: ");
#13        scanf("%d", &(pe->id));              //结构指针用箭头运算符访问成员id
#14        printf("Please enter name: ");
#15        scanf("%s", &(pe->name));            //结构指针用箭头运算符访问成员name
#16        printf("Please enter salary: ");
#17        scanf("%lf", &(pe->salary));         //结构指针用箭头运算符访问成员salary
#18        printf("Below is information just entered:\n");
#19        //结构变量运用圆点运算符访问成员
#20        printf("%d\t%s\t%.f\n", e.id, e.name, e.salary);
#21        //结构指针也可以运用圆点运算符访问成员
#22        printf("%d\t%s\t%.f\n", (*pe).id, (*pe).name, (*pe).salary);
#23        return 0;
#24    }
```

上述程序首先定义职员结构类型 Employee，它有编号、姓名和薪水 3 个成员。在 main( ) 函数中，第 11 行定义结构指针 pe 指向结构变量 e。第 13、15、17 行通过箭头运算符访问结构成员，并通过键盘输入值。第 20 行中结构变量 e 通过圆点运算符访问成员。第 22 行对指针去引用后再运用圆点运算符访问成员。

程序运行结果如下：

```
Please enter id: 2021001↙
Please enter name: Tom↙
Please enter salary: 1000↙
Below is information just entered:
2021001 Tom  1000
2021001 Tom  1000
```

11.3.2 结构指针数组

数组中的每个元素都是指向结构的指针，则称该数组为结构指针数组。由于元素是指针类型，因此访问成员时需要用箭头运算符。

【例 11.10】利用结构指针数组排序。

编写程序如下：

```
#include <stdio.h>
struct Employee                                   //定义职员结构类型
{
    unsigned int id;                              //工号
    char name[80];                                //姓名
    double salary;                                //工薪
};
int main()
{
    struct Employee e[] = {{1, "Tom", 2000},
                           {2, "Jack", 2500},
                           {3, "Tony", 2200},
                           {4, "Mike", 1900},
                           {5, "Hank", 2800},
                           {6, "Jimmy", 2400}};
    int n = sizeof(e) / sizeof(*e);               //计算数组中元素的个数
    //结构指针数组
    struct Employee *p[]={&e[0],&e[1],&e[2],&e[3],&e[4],&e[5]};
    struct Employee *temp;                        //临时结构指针
    int i, j;                                     //循环变量
    printf("Before sort: \n");
    for (i = 0; i < n; ++i)
        printf("%d\t%s\t%.f\n", p[i]->id, p[i]->name,
                 p[i]->salary);
    printf("\n");
    for (i = 0; i < n - 1; ++i) {
        for (j = i + 1; j < n; ++j) {
            //若需交换，则交换各自的指针
            if(p[i]->salary < p[j]->salary){
                temp = p[i];
                p[i] = p[j];
                p[j] = temp;
            }
        }
    }
    printf("After sort: \n");
```

```
#37        for (i = 0; i < n; ++i)
#38            printf("%d\t%s\t%.f\n", p[i]->id, p[i]->name,
#39                    p[i]->salary);
#40        printf("\n");
#41        return 0;
#42    }
```

上述程序中首先定义了结构类型 Employee，并对结构变量以第三个成员 salary 为标准从大到小排序。在 main( )函数中，第 10 行定义结构数组 e 容纳要排序的结构变量。第 18 行定义结构指针数组 p，并用结构数组 e 中各元素的地址分别初始化结构指针数组 p 中的元素，即分别指向结构数组 e 中的各个元素。第 26～35 行应用选择法对结构变量排序，当两个结构元素 a[i]和 a[j]的 salary 成员逆序时，需要交换这两个结构。由于 temp 是结构指针，第 30～32 行交换的是结构指针数组中 a[i]和 a[j]所指的地址，因而能够得到较高的效率。

上述程序中第 26～35 行排序的过程，也可以直接对结构数组 e 进行，而无须借助结构指针数组 p。感兴趣的读者可以试试重写这段代码，并比较这两种方式执行的效率。

程序运行结果如下：

```
Before sort:
1 Tom   2000
2 Jack  2500
3 Tony  2200
4 Mike  1900
5 Hank  2800
6 Jimmy 2400
After sort:
5 Hank  2800
2 Jack  2500
6 Jimmy 2400
3 Tony  2200
1 Tom   2000
4 Mike  1900
```

11.4 结构与函数

11.4.1 参数为结构类型

当结构类型作为函数的参数时，如果采用值传递的方式，由于在实参传给形参的过程中，要生成实参的副本，而存储结构类型的变量一般要占用较多的内存字节，因而参数传递效率较低。如果采用指针传递的方式，则只需传递实参的地址，因而效率较高。此外，采用值传递的方式，形参的改变不能影响实参，而指针传递时，形参的改变会影响实参。

但是在语法形式上，指针传递比值传递的形式要复杂，且易出错。

【例 11.11】用指针调用的方式传递结构变量。

编写程序如下：

```
#01    #include <stdio.h>
#02    struct Employee                              //定义职员结构类型
#03    {
#04        unsigned int id;                         //工号
#05        char name[80];                           //姓名
#06        double salary;                           //工薪
#07    };
#08    void Input(struct Employee* p)               //输入结构变量
#09    {
#10        printf("Please input id: ");
#11        scanf("%d", &(p->id));
#12        printf("Please input name: ");
#13        scanf("%s", p->name);
#14        printf("Please input salary: ");
#15        scanf("%lf", &(p->salary));
#16    }
#17    void Print(struct Employee* p)               //输出结构变量
#18    {
#19        printf("%d\t%s\t%.f\n", p->id, p->name, p->salary);
#20    }
#21    int main()
#22    {
#23        struct Employee e[3];
#24        int i;
#25        for (i = 0; i < 3; ++i)
#26            Input(&e[i]);
#27        for (i = 0; i < 3; ++i)
#28            Print(&e[i]);
#29        printf("\n");
#30        return 0;
#31    }
```

为提高实参传递的效率，采用指针调用的方式传递实参是较好的选择。上述程序中首先定义了结构类型 Employee。在第 8 行定义函数 Input( )，用于从键盘上输入结构变量的信息，该函数的参数是结构指针类型，第 11、13、15 行分别向指针的成员中输入信息。main( )函数中第 26 行分别把数组 e 中元素的地址填入函数 Input( )作为实参。由于指针调用时，函数 Input( )会通过形参 p 直接访问实参 e[i]的地址，在函数 Input 中的第 11、13、15 行，直接向实参 e[i]的成员中输入信息。感兴趣的读者可以试试把函数 Input( )参数传递的方式改为传值调用，并修改 main( )函数中实参传递的方式，然后分析：函数 Input( )还能够向结构变量 e[i]中输入信息吗？

函数 Input( )设置指针调用，是想把在函数中对实参的修改（即第 11、13、15 行向结构成员中输入值）保留下来，并传递给实参 e[i]。在前面章节已经述及，指针的这种用法是为保留对实参的修改，传递函数的输出参数。

第 17 行把函数 Print( )传递参数的方式设置为指针调用，其意图与函数 Input( )采用指针调用有差别。为传递“体积”较大的参数，需要采用指针调用的方式。上述程序中，每个 Employee 类型的变量占用内存为 96 字节。采用传值调用，则每次调用函数 Print( )时，需要额外占用 96 字节来存储实参的副本，这也是函数 Print( )效率不高的原因所在。本例中采用指针调用，通过指针直接访问实参而无须生成实参的副本，因而能够避免存储副本所需的额外字节，从而能够获得较高的效率。

程序运行结果如下：

```
Please input id: 1↙
Please input name: Tom↙
Please input salary: 1800↙
Please input id: 2↙
Please input name: John↙
Please input salary: 2000↙
Please input id: 3↙
Please input name: David↙
Please input salary: 2200↙
1 Tom  1800
2 John 2000
3 David 2200
```

当函数的处理对象是结构数组时，可以把它的参数设置为结构数组类型，也可以设置为结构指针类型，而实参填入相应的结构数组名。

11.4.2 返回结构类型

当一个函数需要返回多个相互关联的数据时，可以把这些数据定义为一个结构类型，然后在函数中以返回值的形式传递给函数调用者。

【例 11.12】整数除法的商和余数。

在头文件<stdlib.h>中定义有标准库函数 div 和 ldiv，它们分别对两个 int 和 long 类型的整型数求商和余数，这两个函数的返回类型分别是结构类型 div_t 和 ldiv_t，这两个结构的成员就是除法之后的商和余数。下面以 ldiv 和 ldiv_t 为例，讨论该结构类型和整除的自定义实现。

编写程序如下：

```
#include <stdio.h>
struct myldiv_t                                 //定义结构类型
```

```
#03     {
#04         long quotient;                              //整商
#05         long remainder;                             //余数
#06     };
#07     //整除运算：返回结构类型
#08     struct myldiv_t myldiv(long numerator, long denominator)
#09     {
#10         struct myldiv_t t;
#11         t.quotient = numerator / denominator;   //先求整商
#12         t.remainder = numerator - t.quotient * denominator;//再求余数
#13         return t;
#14     }
#15     void print(struct myldiv_t* p)              //输出结构变量
#16     {
#17         printf("%ld\t%ld", p->quotient, p->remainder);
#18     }
#19     int main()
#20     {
#21         struct myldiv_t mld;
#22         mld = myldiv(365, 30);
#23         print(&mld);
#24         return 0;
#25     }
```

上述程序在第2～6行定义结构类型myldiv_t，其成员分别是整商quotient和余数remainder。第 8 行定义整除的函数 myldiv( )实现两个数相除，除法的结果是结构类型的变量 t，并通过 return 语句把该结果返回。第 15 行定义函数 print( )，输出结构变量 p，为提高参数传递的效率，采用指针调用的方式传递实参。在 main( )函数中，第 22 行把函数返回的结果赋值给结构变量 mld，第 23 行输出所得结果。

程序运行结果如下：

```
12 5
```

11.5　枚　　举

11.5.1　枚举的概念

在现实世界中，有些事物的属性已经为人们所熟知，它们变化的规律或者所取的值都是有限的，而且可以穷举出来。例如，人的性别有男、女两种，也就是说，对于性别这一概念，它的取值只能限于两种。又如，每周有 7 天，因此，对于星期这一概念，其取值也是固定的，即 Monday、Tuesday、Wednesday、Thursday、Friday、Saturday、Sunday，某一天是星期几不可能再取另外一个值。同样，对于月份的取值也是一样。这些类型的数据也可以对应到可计算的整数。例如，January 对应 1，February 对应 2……，December 对应 12，从而可以比较其大小，或者相减以求间隔的时间。

为描述这种取值有限、可列举、可对应整型数的事物，C 语言引入了枚举的概念。在应用中，用户需要先定义枚举数据类型，在定义时，以枚举常量的形式列举出该类型可能的取值，然后再用该类型定义枚举变量，并可以对该变量赋值为某个枚举常量，或者对该变量进行关系运算和算术运算。

11.5.2 枚举类型的定义

枚举类型的定义需要用到关键字 enum，定义形式一般如下：

```
enum 枚举类型名 {枚举常量列表};
```

上述形式中，枚举常量列表由该枚举类型可能的取值组成，各个常量之间由逗号隔开。按照先后顺序，这些常量分别对应从 0 开始、逐渐增 1 的整型数。

【例 11.13】星期枚举类型的定义。

编写程序如下：

```
#01     #include <stdio.h>
#02     //定义枚举类型
#03     enum Weekday {Sunday, Monday, Tuesday, Wednesday,
            Thursday, Friday, Saturday};
#04     int main()
#05     {    //分别输出枚举常量所代表的整型值
#06         printf("%d\t%d\t%d\t%d\t%d\t%d\t%d\n", Sunday, Monday,
                Tuesday, Wednesday, Thursday, Friday, Saturday);
#07         return 0;
#08     }
```

上述程序第 3 行定义了枚举类型 Weekday，并在枚举常量列表中把从星期日到星期六的 7 个值全部列举出来。main( )函数第 6 行输出所有枚举常量的取值。

程序运行结果如下：

```
0 1 2 3 4 5 6
```

在上述枚举类型 Weekday 的定义中，如果人为指定某个枚举常量的取值，则其后枚举常量的值依次从指定的值开始递增。例如，下列枚举类型的定义中：

```
enum Weekday {Sunday, Monday, Tuesday=0, Wednesday=100, Thursday,
    Friday=30, Saturday};
```

则各枚举常量的取值为：Tuesday 赋值为 0，Wednesday 赋值为 100，Thursday 递增为 101，Friday 赋值为 30，Saturday 递增为 31，Sunday 默认取值为 0，Monday 递增至 1。

由于枚举常量能够代表任意的整型数，也可以利用这个特性来定义整形常量，做法是定义一个无名枚举，在其中给枚举常量赋一个整型数。当需要定义一个整型常量，而不是看重枚举类型时，通常采用这种方式定义整型常量。

11.6　联　　合

11.6.1　联合的概念

当几个结构类型有相同的成员时，为节省存储空间，可以把这几个结构类型合为一个，具体的做法是：保留它们相同的成员，压缩不同的成员，即把它们重叠起来存放，或者让它们相互覆盖。重叠的数据不会同时起作用，因为它们不会在同一种结构类型中出现，而是分别出现在不同的结构变量中，这就是联合的概念。

为描述这种数据共用一段存储空间、取值相互覆盖的概念，C 语言引入了联合的概念。在实际应用中，用户需要先定义联合数据类型，把要重叠存储的变量声明在联合定义体中，然后用联合类型定义联合变量。

与结构不同的是，结构中的每个成员都有自己的存储空间，而联合中的每个成员共同存在于一段内存空间中。对结构成员的访问可以是同时的，而且不会相互影响，但对于联合成员的访问不可同时进行，例如后赋值的成员会覆盖先前赋值的成员。联合类型所占内存空间的大小是其成员中最长成员所占内存空间的大小。由于共用同一段内存，则对联合类型的变量取地址得到的结果与对该变量的所有成员取地址的结果是相同的。

11.6.2　联合类型的定义

联合类型的定义需要使用关键字 union，联合定义的一般形式如下：

```
union 联合类型名 {联合成员列表};
```

联合成员列表包括各成员的声明，多个成员用分号隔开。

【例 11.14】 联合类型定义示例：Number 联合类型。

编写程序如下：

```
#include <stdio.h>
union Number                                    //定义联合类型
{
    int n;
    char ch;
    double d;
};
int main()
{  //输出联合成员所占内存的字节数
    printf("%d\t%d\t%d\n", sizeof(int), sizeof(char),
            sizeof(double));
    printf("%d", sizeof(union Number));     //输出联合类型的大小
    return 0;
}
```

上述程序定义了联合类型Number，它有3个成员，这3个成员的存储相互重叠。main()函数分别输出这3个成员所属数据类型所占内存的字节数，同时输出联合所占内存的字节数，从下列程序输出的结果可以看出，联合类型Number占用内存8个字节，恰好是其成员中最长的成员d所占内存的字节数。

程序运行结果如下：

```
4 1 8
8
```

当用联合类型定义联合变量之后，每个联合变量拥有自己的联合成员。但是与结构类型不同的是，联合成员的存储是相互重叠的，每一时刻只有一个成员有效，而结构成员同时存在。以上述定义的联合类型Number为例，每个Number联合类型的变量都有成员n、ch、d，它们的数据类型分别为int、char、double，在32位机上，这3个成员分别占用内存的字节数为4、1、8，如图11-2所示。

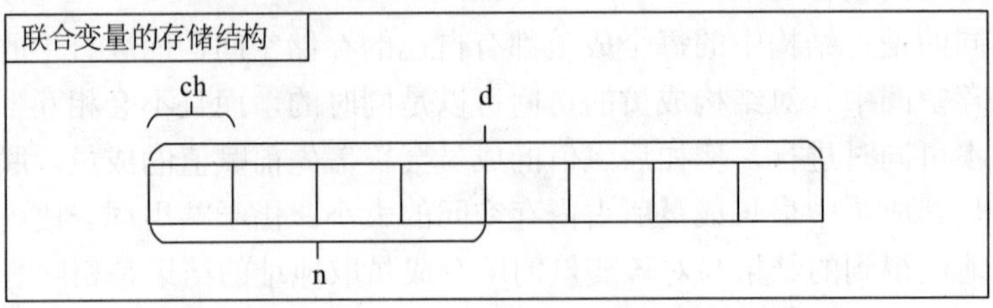

图11-2　联合类型变量的存储结构示意图

11.7　typedef定义类型

用基本数据类型定义变量是程序中常用的方式，变量定义语句如下：

```
double mySalary;
```

其中数据类型标识符double强调了变量mySalary的数据类型。但是有时候这种方式不够直观，如为了定义变量zhangSalary和liSalary分别表示张三的工资和李四的工资，需要先写类型标识符double，即要用到如下定义变量的语句：

```
double zhangSalary, liSalary;
```

能否用一个直观易懂的标识符如Salary，直接表明这两个变量的性质？可以按照如下方式定义这两个变量：

```
Salary zhangSalary, liSalary;
```

从而强调名字zhangSalary和liSalary代表的是工资类型，因为以这种方式定义变量更符合人们的习惯。

有时候需要在程序中定义多个相同类型的变量，而且这些变量的类型比较复杂，需要书写的标识符和符号较多，如下列变量定义的语句：

```
int a[20];
int b[20];
int c[20];
```

如果可以只用一个简单的标识符，如 Array，表示长度为 20 的整型数组的数据类型，这样再定义数组 a、b、c 时，只需如下语句定义即可：

```
Array a;
Array b;
Array c;
```

分析上述两个需求，它们都在寻找一种直观形象的方式来表明所定义变量的类型和性质，而且该方式能够简化程序的书写形式以及组织形式。

C 程序中，关键字 typedef 的存在给了这两个问题一个漂亮的答案。typedef 常用于给现有数据类型定义一个别名，或者组合相互关联的几种类型为一种新的数据类型，如上述 Array 可以定义为"typedef int Array[20];"。需要注意的是，typedef 并不能如结构、枚举和联合等机制一样创建一种新的数据类型。

【例 11.15】 用 typedef 定义类型的别名。

编写程序如下：

```
#01     #include <stdio.h>
#02     typedef double Salary;               //定义double类型的别名Salary
#03     int main()
#04     {
#05         Salary monthly = 4000;           //用标识符Salary定义变量
#06         Salary yearly = monthly * 12;    //用标识符Salary定义变量
#07         printf("salary of one year: %.f", yearly);
#08         return 0;
#09     }
```

上述程序中，第 2 行用 typedef 为 double 类型定义了别名 Salary。main( )函数中第 5 行定义变量 monthly 表示每月的工资，该变量虽然本质上是 double 类型的变量，但是标识符 Salary 更为清晰地反映了变量 montly 的属性和功能。同样，第 6 行定义了变量 yearly 表示一年的工资，该行中的表达式 yearly = monthly * 12 说明 Salary 类型可以进行算术运算和赋值运算。第 7 行输出一年工资 yearly 的值。

程序运行结果如下：

```
salary of one year: 48000
```

本 章 小 结

（1）关于结构

大多数时候需要处理的数据是相互关联的，因此把它们聚合在一起，定义为结构类型是较好的处理方法。在应用中，需要首先在程序中定义结构类型，然后用该类型定义结构变量。

结构变量访问其成员需要用到两种运算符：圆点运算符、箭头运算符。当成员左边是结构指针时，用箭头运算符，其他情况用圆点运算符。

定义结构变量后，可以通过赋值的方法让变量的成员都有明确的值，或者直接在定义结构变量的同时对它初始化。

可以定义结构类型的数组，结构数组也可以用作函数参数，此时等效于结构指针作为函数参数。

结构类型可以用作函数的参数，此时选用指针传递的方式较好。函数也可以返回结构类型。

（2）关于枚举

对于有限取值、可对应整数的概念，可以把它们定义为枚举类型。

枚举类型也可以参加赋值运算、算术运算、关系运算。

（3）关于联合

联合类型可用于重叠存放不同类型的数据。结构类型和联合类型经常嵌套定义，配合使用。

（4）关于 typedef

为使程序中的标识符更加直观形象地反映数据的性质，可以用 typedef 定义某种数据类型的别名。typedef 也可以简化复杂数据类型的书写和应用。

习　题

1. 定义日期结构类型 Date，其成员包括年（year）、月（month）、日（day）。编写函数分别实现：

1）判断某个日期所在年份是否为闰年；

2）计算该日期距离月初（该月 1 日）多少天；

3）计算该日期距离 1 月 1 日多少天；

4）计算该日期距离 1900 年 1 月 1 日多少天。

2. 定义复数结构类型 Complex，其成员包括实部（real）、虚部（imag）。编写函数实现：

1）求某个复数的模长；

2）以类似 1+2i、3-4i 的格式输出复数；

3）实现两个复数的加法；

4）实现两个复数的减法；

5）实现两个复数的乘法；

6）实现两个复数的除法。

3. 定义学生结构类型 Student，其成员包括姓名（name）、性别（gender）、考试成绩

（score）。编写函数分别实现：

1）从键盘输入一个学生的上述信息；

2）把学生信息显示在屏幕上；

3）统计某班 30 名同学的成绩；

4）按照成绩排定名次；

5）分别统计男生、女生的平均成绩，判断“女生比男生聪明”的论断是否成立。

4. 编写小型的商店管理系统，每个商品的成员包括商品名称、商品单价、库存数量、成交数量等。编写程序实现：

1）根据顾客购买某商品的数量以及所给钱数，计算并输出找零的钱数；

2）统计某商品的成交总额；

3）统计某日商店的营业额；

4）盘点每种商品的在架数量。

第 12 章　文　　件

程序都需要与外界进行交互而获得或者输出数据。流 I/O 是程序输入输出的重要机制。文件是一种重要的流 I/O，为了把程序运行时的数据永久保存下来，常用的方法就是应用文件存放数据。应用文件进行数据的输入输出是一种极为重要的能力。

本章首先讨论流和文件的基本概念，介绍 C 程序中标准输入输出的函数和运算符，重点介绍文件的常用操作及相关函数的应用。

通过本章的学习，应理解流 I/O 和文件的概念，熟练掌握 C 程序中标准输入输出的常用函数和运算符，掌握文件操作及其函数，能够解决与文件读写相关的问题。

12.1　基 本 概 念

12.1.1　流

算法或者程序都需要输入和输出。输入是指算法或者程序从外部得到数据的过程，在输入操作中，可以传入数据的设备有键盘、磁盘或者网络连接设备等。输出是指算法或者程序向外传送数据的过程，在输出操作中，接收输出数据的设备有显示器、打印机、磁盘或者网络连接设备。通过输入输出，程序实现了与外界的交互。

在内存中运行程序的数据都有由其存储类型所决定的生命周期。随着数据的生命周期的到来，系统会把它们从存储的位置销毁，下一次运行程序时，可能又需要重新输入数据。为了使有用数据“永续存留”，程序必须借助外存设备来保存数据，这样在下一次运行程序时，可以直接从外存中载入数据。为实现这个目的，也需要程序与外界设备之间输入输出的支持。

C 程序以字节流的形式实现了输入和输出。流是字节序列，在输入操作中，数据从输入设备流向内存，在输出操作中，数据从内存流向输出设备。这些流动的字节序列可以是以 ASCII 码值形式存储的数据，也可以是以二进制格式存储的原始数据，还可以是图形图像、视频音频信号，或者其他可以用计算机存储处理的数据。常用的输入输出设备有键盘、显示器、打印机、磁盘、网络连接设备以及通信端口等。在操作系统中，用“文件”的概念统一称呼这些设备，这些设备与外界的输入输出是通过底层的驱动程序实现的。

因此流是一个抽象的概念，它负责在程序和设备文件之间建立联系。如图 12-1 所示，当需要从外界设备文件中读取数据时，程序需要首先建立一个输入流的对象，并利用该流对象从设备文件获取数据。

当 C 程序开始执行时，系统自动建立 3 种流：标准输入流（standard input），由 stdin 所指向；标准输出流（standard output），由 stdout 所指向；标准错误流（standard error），由 stderr 所指向。这 3 种流默认定向到控制台（console），即键盘和显示器。在程序中也可以应用相关函数，把 stdin、stdout、stderr 重定向到一个磁盘文件或者其他设备。

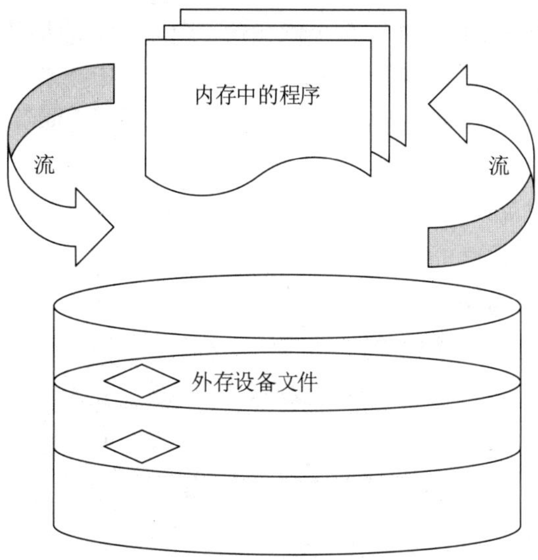

图 12-1　流在程序与设备文件之间建立联系

在 C 运行时库（C run-time library，CRT）中，有 3 类输入输出流：第一类，流输入输出（stream I/O），又称为高级 I/O，它把数据视为单个字符的流进行处理；第二类，低级输入输出流（low-level I/O），它直接调用操作系统进行低级操作，而不是用流 I/O；第三类，控制台和端口输入输出流（console and port I/O），它直接读写控制台（键盘和屏幕），或者 I/O 端口（如打印机端口）。

这 3 种流中，高级 I/O（即流 I/O）是本章的重点。

12.1.2　文件

在计算机系统中，外存数据以文件的方式组织。一个文件可以视为字节序列，它把数据看作一连串的字符，对文件的存取是以字符为单位的，因此，这是流输入输出的处理方式，即高级 I/O，这也是文件流操作的重点方式。

C 标准库对基于文件的输入输出采用的概念称为“文件流”。一个文件既可以是数据的来源，也可以是接受数据的目标，因此是一种重要的输入输出操作对象。为了与该对象交换数据，需要用文件流建立程序与文件之间的联系。

C 中的文件流通过一种特殊的数据结构实现，即类型为 FILE 的文件结构指针。这种结构类型的对象可以保存与流操作有关的所有信息。例如，打开文件的操作将返回一个指向 FILE 结构的指针，即文件指针，它代表所创建的流，对这个流以及相应文件的所有操作都通过该指针完成。

文件流分为两类：文本流和二进制流。文本流把文件视为字符序列，其中每个字符都以其 ASCII 码值形式存储。文本流适合一般输出和输入，ASCII 码值形式的输入输出与字符一一对应，每个字节代表单个字符，因而便于对字符的逐个处理。但是文本流占用存储空间较多，而且在操作过程中需要对回车–换行（carriage return-linefeed）符进行转换。二进制流直接以原始数据格式把数据存储到文件。这种流格式在把数据写入文件后再以同样方式读出，在操作过程中对回车-换行符不做转换，因此信息的形式和内容都不改变。二进制流主要用于程序数据的保存和重新装入。由于操作过程中不做转换，因此其读写数据的效率较高，但是这种格式的数据不能给人以直观印象，不适合阅读。

C 标准库提供了一套流操作函数，包括流的创建（打开文件）、撤销（关闭文件），对流的读写（实际上是通过流对文件的读和写），以及一些辅助函数。为了从文件中输入数据，程序需要创建与该文件相关联的输入流，以使数据从文件流入内存。同理，为了向文件中输出数据，程序需要创建与该文件相关联的输出流，使数据从内存流出到文件。另外，程序也可以建立既能用于输入又能用于输出的流。这种通过创建流建立程序与文件之间联系的动作称为打开文件。当一个文件不再需要时，程序通过关闭该文件的方式撤销流与该文件的联系，这一动作称为关闭文件。打开文件和关闭文件是文件处理的基本操作。

12.1.3 流缓冲区

流 I/O 方式是一种常用的输入输出方式，也称为缓冲式输入输出，是标准库的默认输入输出方式。由于外存访问速度较慢，一般对数据采用成块批量传递的方式，即一次传递一批数据，但是程序对数据的使用不能是批量的。缓冲区技术的提出，正是为了缓冲两者在数据提供和使用方面存在的速度差异。因此，作为文件与程序之间传递数据的中介，缓冲区是数据的临时存放区域，系统会根据需要对该内存区域进行刷新，并且会对缓冲区中的数据按照输入输出的格式进行解释或者提取、输出。

以流 I/O 方式进行的操作，都是基于流缓冲区实现的，即在输入输出过程中都需要使用缓冲区来辅助实现输入输出的过程。例如，用流函数打开的文件默认是带缓冲区的。如果该文件用于输出，则文件所带缓冲区的用途是在向文件写入数据之前缓存数据。只要缓冲区满，或者在调用了相关库函数强制刷新缓冲区后，系统就会刷新该缓冲区以便把数据写入文件。如果一个程序非正常终止，输出流缓冲区不会被刷新，就会导致数据丢失。为避免这种情况，可以应用相关刷新缓冲区的库函数，确保与某个指定文件相关联的缓冲区或者所有打开的缓冲区都会刷新到操作系统。

以标准输出流操作为例，它的工作方式如图 12-2 所示。在程序与设备文件的传输通道上存在着一个流缓冲区，其目的是存放从程序中输出的大量待显示数据。由于数据在显示器上显示的速度较低，当需要向显示器输出数据时，不需要每次都等待显示器显示完一批数据后，再向它发送另一批待显示的数据，而是直接把要显示的数据事先放到流缓冲区中。当一批数据显示完毕，显示器自动从流缓冲区中读取下一批待显示的数据，从而节省了系统等待显示的时间，这样可以大大提高程序的工作效率。

如果显示器要求读取数据，而缓冲区已经为空，程序就会再次把数据输出到流缓冲区，从文件取得一批数据，将缓冲区重新填满，此后显示器又可以正常读取数据了。如果缓冲区未满，而又需要马上在显示器上显示数据，则可以强制刷新输出流缓冲区。

缓冲区缩小了内存中的程序与外存设备文件在数据操作方式和速度方面的差异。在应用标准库函数打开一个文件时，系统会自动建立一个流缓冲区，并附到所创建的文件指针上，文件操作中的数据都会在这个流缓冲区中临时存放，该缓冲区会在文件关闭时被释放。

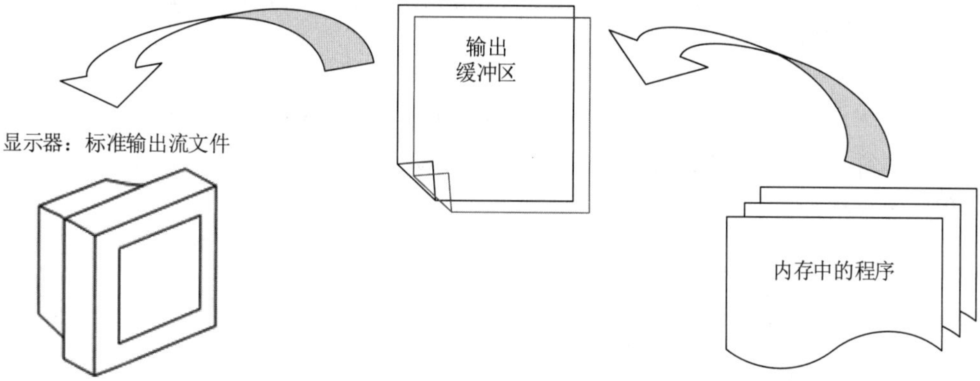

图 12-2　标准输出流及其缓冲区

12.2　标准输入输出流

标准输入输出流主要是指从键盘输入、向屏幕输出的流操作。常用函数 scanf( )/printf( )、getc( )/putc( )、getchar( )/putchar( )、gets( )/puts( )实现读写操作。

1. scanf( )/printf( )

函数 printf( )格式化并输出系列字符和数值到标准输出流 stdout 中。如果参数中带有 format( )字符串，则 format 字符串必须包含类型说明符以确定参数的输出格式。printf( )的格式控制由“%”和格式字符组成。

函数 scanf( )从标准输入流 stdin 中读入数据，并把数据写到 argument 指定的位置。每个 argument 必须是一个指向变量的指针，变量的类型与 format 类型说明符要一致。使用该函数时，一定要注意键盘输入数据的格式要与格式控制字符串中要求的格式一致。

2. getc( )/putc( )

函数 getc( )从与 stream 相关联文件的当前位置读出单个字符，并递增文件指针以指向下一个字符。标识符 getc 既可以作为函数使用，也可以作为宏使用。

函数 putc( )向 stream 的当前位置写入单个字符 c。任何整型数都可以传递给函数 putc( )，但是只写低 8 位。函数 putc( )等同于函数 fputc( )，但是 fputc( )只作为一个函数使用，而不是如 putc( )一样，既可以作为函数使用，也可以作为宏使用。

【例 12.1】 函数 getc( )和 putc( )应用示例。

编写程序如下：

```
#include <stdio.h>
int main()
{
    int ch;
    //从标准输入流（键盘）读取一个字符
    while ((ch = getc(stdin)) != EOF)
```

```
#07         putc(ch, stdout);       //向标准输出流（显示器）写入一个字符
#08     return 0;
#09 }
```

上述程序把键盘输入的字符显示在屏幕上。第 6 行从标准输入流 stdin（与键盘相关联）中读单个字符，第 7 行向标准输出流 stdout（与显示器相关联）中输出刚读的字符。

程序运行结果如下：

```
Hello, the World!↙
Hello, the World!
```

3. getchar( )/putchar( )

函数 getchar( )从 stdin（标准输入流，与键盘相关联）读出单个字符。getchar( )与 fgetchar( )相同，但是 getchar( )同时实现为函数和宏。函数 getchar( )等同于 getc(stdin)。

函数 putchar( )向 stream 的当前位置写入单个字符 c。函数 putchar( )等同于 putc(c, stdout)。putc( )和 putchar( )分别等同于 fputc( )和_fputchar( )，但是前者都同时实现为函数和宏。

【例 12.2】函数 getchar( )和 putchar( )应用示例。

编写程序如下：

```
#include <stdio.h>
int main ()
{
    char *p, buffer [81];
    int i, ch = 0;
    for (i = 0; (i < 80) && ((ch = getchar()) != EOF)
        && (ch != '\n'); i++)
    {
        buffer[i] = (char) ch;
    }
    buffer[i] = '\0';
    printf("Input was: ");
    for (p = buffer; (ch != EOF) && (*p != '\0'); p++)
        ch = putchar(*p);
    return 0;
}
```

上述程序调用函数 putchar( )把字符串输出到屏幕上。

程序运行结果如下：

```
Hello, the World!↙
Input was: Hello, the World!
```

4. gets( )/puts( )

函数 gets( )从标准输入流 stdin 中读出一行字符并存储在 buffer 中。该行包含的字符中

最多包括第一个 newline 字符（'\n'）。在返回该行之前，函数 gets( )用 null 字符（'\0'）替代 newline 字符。

函数 puts( )把字符串 str 写入标准输出流 stdout，并用换行符 newline（'\n'）替换字符串结束符（'\0'）。

【例 12.3】 函数 gets( )和 puts( )应用示例。

编写程序如下：

```
#include <stdio.h>
int main()
{
    char line[81];                    //容纳80个字符和'\0'
    gets(line );                      //从键盘读取一行
    puts(line);                       //向显示器写入该行
    return 0;
}
```

上述程序调用函数 gets( )从键盘读出 80 个有效字符，并调用函数 puts( )显示在屏幕上。

程序运行结果如下：

```
Hello, the World!↙
Hello, the World!
```

12.3 文 件 流

12.3.1 文件指针

为打开一个文件进行读写操作，需要记录与该文件相关的若干信息，如文件描述号、文件状态标志、缓冲区地址及大小等。C 语言定义结构类型 FILE 用于描述文件相关的信息，该结构类型定义于标准头文件<stdio.h>中。

在应用中，通常定义如下文件指针：

```
FILE *stream;
```

结构指针 stream 是一个指向 FILE 结构类型变量的指针，该文件指针也代表所创建的文件流，所有对文件流的操作都是通过该文件指针进行的。因此，通过文件指针，可以把文件流与某个磁盘文件关联起来，然后通过该指针对文件进行读写操作。

12.3.2 文件 I/O

1. 文件的打开与关闭

任何一个文件在使用之前必须打开，在使用之后必须关闭。在系统头文件<stdio.h>中定义有宏 FOPEN_MAX，它表示允许同时打开文件的最大数量，值为 20。

文件的打开主要用到函数 fopen( )，文件的关闭主要用到函数 fclose( )。

在调用函数 fopen( )后，所返回的文件指针与名为 filename 的文件相关联，就可以通过该文件指针对文件进行后续的读写操作。同一个文件指针可以多次与不同名的文件相关联，只要在重新关联到某个文件前，关闭以前所关联的文件即可。

需要说明的是，第一个参数 filename 可以包含路径消息，如“d:\\myfile.txt;”也可以不用包括，那么所打开的文件应该在当前目录下。

在打开文件的同时，可以设置不同的允许访问类型或者打开方式。各种打开方式的含义以及可以组合的情况如表 12-1 所示。

表 12-1 文件允许的打开方式及含义

打开方式	含义
"r"	只读，如果文件不存在或者找不到，函数调用失败
"w"	只写，如果指定的文件存在，它的内容将全部被销毁
"a"	追加，从文件尾继续写，不会清除 EOF 标记。若文件不存在，则首先创建文件
"r+"	读写，该文件必须存在，既可以读也可以写
"w+"	读写，打开一个空文件，既可以读也可以写，若指定的文件存在，则其内容被销毁
"a+"	读写，打开一个文件以便读和追加，写入新数据前清除 EOF 标记，写操作结束后恢复 EOF 标记。若文件不存在，则首先创建文件

除了上述这些值之外，还可以在这些模式中包含一些字符以指明对换行符（newline）的转换，常用的字符如表 12-2 所示。

表 12-2 常见的可附加到访问方式的字符

字符	含义
t	文本方式
b	二进制方式

文本模式和二进制模式的区别主要有两个方面。在文本模式中：①输入时，Ctrl+Z 被解释为文件尾字符；②输入时，回车-换行符（carriage return-linefeed）会转换成单个的换行符（linefeed），而输出时，换行符（linefeed）会转换成回车-换行符（carriage return-linefeed）的组合。但是在二进制模式中，对回车符（carriage return）和换行符（linefeed）的转换会被抑制。

由于默认打开文件的方式是文本方式，表 12-1 中的 6 种方式都表示以文本方式打开文件。因此在用 b 对上述 6 种访问类型组合之后，新增加 6 种文件打开方式，如表 12-3 所示，它们的含义与前面相同，只是以二进制方式访问文件。

表 12-3 二进制文件允许的打开方式及含义

打开方式	含义
"rb"	只读（二进制方式），如果文件不存在或者找不到，函数调用失败
"wb"	只写（二进制方式），如果指定的文件存在，它的内容将全部被销毁
"ab"	追加（二进制方式），从文件尾继续写，不会清除 EOF 标记。若文件不存在，则首先创建文件
"r+b"	读写（二进制方式），该文件必须存在，既可以读也可以写
"w+b"	读写（二进制方式），打开一个空文件，既可以读也可以写，若指定的文件存在，则其内容被销毁
"a+b"	读写（二进制方式），打开一个文件以便读和追加，写入新数据前清除 EOF 标记，写操作结束后恢复 EOF 标记。若文件不存在，则首先创建文件

在一个程序启动时，系统会自动打开 3 个标准文件，分别由文件指针 stdin、stdout、stderr 所指向。这 3 个文件都与终端相关联，stdin 定向到键盘，stdout 和 stderr 定向到显示器。

在使用文件完毕后，应立即关闭文件，系统会刷新缓冲区的内容并将其保存到文件中。如果不关闭文件，还在缓冲区中的数据就没有保存到文件中，从而造成缓冲区中的数据丢失。关闭文件后，不能再通过该指针对与其相连的文件进行读写操作。

【例 12.4】文件的打开/关闭操作。

编写程序如下：

```
#01     #include <stdio.h>
#02     #include <stdlib.h>
#03     int main()
#04     {
#05         FILE *stream1, *stream2;
#06         //打开文件并判断是否出错
#07         if((stream1 = fopen("mydata.txt", "w+b")) == NULL )
#08             printf("The file 'mydata.txt' was not opened.\n");
#09         else
#10             printf("The file 'mydata.txt' was opened.\n");
#11         fclose(stream1);                      //关闭文件
#12         stream1 = fopen("mydata.txt", "r");//重新打开该文件
#13         if(stream1 == NULL ) {                //出错处理
#14             printf("Error: Failed to open file 'mydata.txt'!\n");
#15             exit(1);
#16         }
#17         else
#18             printf("The file 'mydata.txt' was reopened.\n");
#19         //打开文件并判断是否出错
#20         if((stream2 = fopen("data.txt", "a+b")) == NULL )
#21             printf("The file 'data.txt' was not opened.\n");
#22         else
#23             printf("The file 'data.txt' was opened.\n");
#24         int numclosed = _fcloseall();       //关闭所有打开的文件
#25         printf("Number of files closed by _fcloseall is %d\n",
                    numclosed);
#26         return 0;
#27     }
```

上述程序中，第 5 行定义两个文件指针 stream1 和 stream2。第 7 行用 fopen( )以二进制的方式打开一个名为"mydata.txt"的文件用于写，函数返回的指针赋给 stream1，亦即把文件"mydata.txt"与流 stream1 相关联。如果该文件指针为空，则表示打开文件失败，第 8 行输出错误提示信息。第 11 行调用函数 fclose( )关闭文件"mydata.txt"。

第 12 行以只读的方式重新打开刚刚新建的文件"mydata.txt"，并把该文件与流 stream1

再次相关联。第 13 行对返回的文件指针进行出错判断，如果打开文件失败，则在第 15 行调用函数 exit( )退出程序。

第 20 行以追加、二进制的方式打开名为"data.txt"的文件，同时对打开文件的操作进行出错处理。

第 24 行调用函数_fcloseall( )关闭所有打开的文件（除了 stdin、stdout、stderr），该函数返回所关闭文件的数量。

程序运行结果如下：

```
The file 'mydata.txt' was opened.
The file 'mydata.txt' was reopened.
The file 'data.txt' was opened.
Number of files closed by _fcloseall is 2
```

2. 文件的读写

（1）函数 fgetc( )和函数 fputc( )

函数 fgetc( )从与 stream 相关联文件的当前位置读入单个字符，并递增文件指针以指向下一个字符。参数 stream 所关联的文件必须以读或者读写的方式打开。函数 fgetc( )等同于函数 getc( )，但是只作为一个函数使用，而不是如 getc( )一样既可以作为函数使用，也可以作为宏使用。

函数 fputc( )在文件位置指示器所指的位置处写入单个字符 c，同时递增该位置指示器，若文件不支持定位请求，或者以追加的方式打开，字符 c 会被追加到流的尾部。函数 fputc( )等同于函数 putc( )，但是只实现为一个函数，而不是如 putc( )一样既可以作为函数使用，也可以作为宏使用。

【例 12.5】函数 fgetc( )和 fputc( )应用示例。

编写程序如下：

```
#include <stdio.h>
#include <stdlib.h>
int main()
{
    FILE *stream;
    char *p, buffer[81];
    int i, ch;
    stream = fopen("data.txt", "r");    //打开文件
    if(stream == NULL) {
        printf("Error: failed to open file 'data.txt'!\n");
        exit(1);
    }
    ch = fgetc(stream);                 //读出一个字符
    for(i = 0; (i < 80 ) && (feof(stream) == 0); ++i) {
        buffer[i] = (char)ch;           //存放在字符数组中
```

```
#16            ch = fgetc(stream);                //继续读出下一个字符
#17         }
#18         buffer[i] = '\0';                     //追加字符串结束符
#19         p = buffer;
#20         while((*p != '\0')&&fputc(*(p++), stdout) != EOF);
#21         fclose(stream);
#22         return 0;
#23     }
```

上述程序中，第 8 行以只读的方式打开名为"data.txt"的文件，第 9～12 行进行出错处理。第 13 行用函数 fgetc( )读入一个字符到 ch 中，随后用 for 循环连续读入 80 个字符到字符数组 buffer 中。第 14 行中函数 feof( )用于判断是否到达文件尾的位置。第 15 行中由于 fgetc( )是以 int 类型返回所读的字符，因此在存入字符数组 buffer 之前需要强制转化为字符型。第 16 行继续读入下一个字符。第 18 行在所读入字符的后面添加字符串结束符。第 20 行函数调用 fputc(*(p++), stdout)表示把字符指针 p 所指当前的字符写入文件指针 stdout（标准输出流，与显示器相关联），同时向前递增字符指针 p，在向显示器写入之后，判断函数调用的结果是否为 EOF，即是否出错。第 21 行关闭文件。

为运行该程序，需要在当前目录下建立一个名为 data.txt 的文件，假设其内容如下：

```
How are you?↙
Fine, thank you.↙
```

则程序运行结果如下：

```
How are you?
Fine, thank you.
```

（2）函数 fgets( )和函数 fputs( )

函数 fgets( )从输入参数 stream 中读入一个字符串并存储在 str 中。该函数从流的当前位置读入字符，直到首先遇到下列情况之一停止：读入（并包括）第一个 newline 字符；到达流的文件尾；所读字符数等于 n−1。函数 fgets( )会在存储于 str 中的字符最后追加一个字符串结束符。函数若读入 newline 字符，则会把该字符包含在字符串中。

函数 fputs( )把字符串 str 复制到文件的当前位置，要复制的字符串不包括字符串结束符。

【例 12.6】 函数 fgets( )和 fputs( )应用示例。

编写程序如下：

```
#include <stdio.h>
#include <stdlib.h>
int main()
{
    FILE *stream;
    char line[100];
    if((stream = fopen("data.txt", "r")) == NULL) {
        printf("Error: faield to open file 'data.txt'.\n");
```

```
#09            exit(1);
#10        }
#11        if(fgets(line, 100, stream) == NULL)    //从文件中读出一行内容
#12            printf("fgets error\n");
#13        else
#14            printf("%s", line);                 //显示在屏幕上
#15        fclose(stream);
#16        //向显示器输出字符串
#17        fputs("Hello world from fputs.\n", stdout);
#18        return 0;
#19    }
```

上述程序中，第 7 行以只读的方式打开文件"data.txt"。第 11 行应用函数 fgets( )从文件指针 stream 中读入一行字符串到字符数组 line 中，100 表示最大可以读入的字符，实际上系统会自动在所读入的字符串后面追加字符串结束符，因此最多可以读入的有效字符是 99 个。第 17 行用函数 fputs( )向文件指针 stdout（标准输出流，与显示器相关联）中写入字符串，即把该字符串显示在屏幕上。

为运行该程序，需要在当前目录下建立一个名为 data.txt 的文件，假设其内容如下：

```
How are you?↙
Fine, thank you.↙
```

则程序运行结果如下：

```
How are you?
Hello world from fputs.
```

（3）函数 fread( )和函数 fwrite( )

函数 fread( )从 stream 中最多读出 count 项大小为 size 的数据存储到 buffer 中。当发生错误，或者在达到 count 之前遇到文件尾，则函数 fread( )所返回的值比 count 要小。若给定的流以文本模式打开，字符组合 carriage return-linefeed 会被替换为单个的 linefeed 字符，这种替换对文件指针或者返回值没有影响。

函数 fread( )常用于一次读入一组数据或者成块的数据（如一个结构变量）。如果文件以二进制方式打开，那么 fread( )可以从该文件中读出任何类型的信息。

函数 fwrite( )向 stream 中写入存储在 buffer 中的数据，每项数据大小为 size，所写的项数最多为 count。当发生错误时，函数 fwrite( )所返回的值比 count 要小。

如果文件以二进制方式打开，那么 fwrite( )可以向该文件写入任何类型的信息。

（4）函数 fscanf( )和函数 fprintf( )

与 scanf( )类似，函数 fscanf( )从 stream 的当前位置读入数据到参数 argument 给定的位置，每个 argument 必须是一个指向变量的指针，变量的类型与 format 类型说明符要一致。不同的是，scanf( )从键盘读入数据，而 fscanf( )从文件读入数据。

与 printf( )类似，函数 fprintf( )格式化并输出系列字符和数值到输出流。函数按照 format 中的格式说明转换并输出参数 argument。不同的是，printf( )向显示器输出数据，而 fprintf( )

向文件输出数据。

【例 12.7】函数 fscanf( )应用示例。

编写程序如下：

```
#01    #include <stdio.h>
#02    #include <stdlib.h>
#03    int main ()
#04    {
#05        long l;
#06        float fp;
#07        char s[81];
#08        char c;
#09        FILE *stream;
#10        if((stream = fopen("data.out", "w+")) == NULL) {
#11            printf("The file fscanf.out was not opened\n");
#12            exit(1);
#13        }
#14        fprintf(stream, "%s %ld %f%c", "a-string", 65000, 3.14159, 'x');
#15        fseek(stream, 0L, SEEK_SET);    //定位于文件起始位置
#16        //依次读出所写内容
#17        fscanf(stream, "%s", s);
#18        fscanf(stream, "%ld", &l);
#19        fscanf(stream, "%f", &fp);
#20        fscanf(stream, "%c", &c);
#21        printf("%s\n", s);
#22        printf("%ld\n", l);
#23        printf("%f\n", fp);
#24        printf("%c\n", c);
#25        fclose(stream);
#26        return 0;
#27    }
```

上述程序中，第 10 行打开文件 data.out 用于写。第 14 行用函数 fprintf( )向文件中写入各个格式化的数据。第 15 行使用函数 fseek( )把文件指针定位到文件首。第 17～20 行分别从文件中读出各类型的数据。第 21～24 行在显示器输出各变量的取值。

程序运行结果如下：

```
a-string
65000
3.141590
X
```

【例 12.8】函数 fprintf( )应用示例。

编写程序如下：

```
#01    #include <stdio.h>
#02    #include <process.h>
#03    int main()
#04    {
#05        FILE *stream;
#06        int i = 10;
#07        double fp = 1.5;
#08        char s[] = "this is a string";
#09        char c = '\n';
#10        stream = fopen("data.out", "w");    //打开文件
#11        fprintf(stream, "%s%c", s, c);      //逐个写入变量的值
#12        fprintf(stream, "%d\n", i);
#13        fprintf(stream, "%f\n", fp);
#14        fclose(stream);
#15        system("type data.out");            //在屏幕上显示写入文件中的内容
#16        return 0;
#17    }
```

上述程序中，第 10 行打开文件 data.out 写入内容。第 11～13 行向文件中写入格式化的数据。第 15 行调用系统命令把文件 data.out 的内容显示在屏幕上。

程序运行结果如下：

```
this is a string
10
1.500000
```

3. 文件的定位

每个文件都有一个位置指示器，指向当前读写操作发生的位置。每从文件当前位置读出一个字符后，文件位置指示器会向前递增指向下一个要读的字符，每向文件当前位置中写入一个字符后，文件位置指示器会向前递增指向下一个可写入的位置。应用相关函数，可以读取文件位置，也可以修改。

（1）函数 rewind( )

函数 rewind( )把文件指针重新设置到文件头。对该函数的调用类似于“(void) fseek(stream, 0L, SEEK_SET);”。与 fseek 不同的是，rewind( )清除流的错误指示器和文件尾指示器，rewind( )并不返回一个值用以表明指针是否成功移动。为清除键盘缓冲区，对 rewind( )使用流 stdin，因为 stdin 默认与键盘相联。

（2）函数 fgetpos( )和函数 fsetpos( )

函数 fgetpos( )获取 stream 参数中文件位置指示器的当前值，并存储在 pos 所指的对象中。稍后，fsetpos( )可以运用存储在 pos 中的信息，以恢复参数 stream 的文件指针到调用 fgetpos( )时的值。

函数 fsetpos( )设置 stream 的文件位置指示器到 pos 处，pos 值是从先前调用 fgetpos 得

到的。该函数清除文件尾指示器并且去除 ungetc 对流的任何影响。

（3）函数 fseek( )和函数 ftell( )

通常对文件的读写操作是顺序进行的，即从文件开始处按照字节顺序移动文件指针。有了函数 fseek( )和 ftell( )之后，也可以对文件进行随机读写。随机是指不用按照字节的先后顺序，而是可以定位于文件中任意一个合法的位置进行读写操作。

函数 fseek( )把与 stream 相关联的文件指针移动到从 origin 偏移 offset 的新位置，随后的读写操作发生在新位置。参数 origin 必须是常量之一：SEEK_CUR（文件指针的当前位置）、SEEK_END（文件尾）、SEEK_SET（文件起始处）。如表 12-4 所示，这些常量定义在头文件<stdio.h>中。

表 12-4 定义文件指针位置的常量

符号常量	含义	所代表的数字
SEEK_SET	文件起始处	0
SEEK_CUR	当前位置	1
SEEK_END	文件尾	2

常用调用函数 fseek( )的例子如下：

```
fseek(stream, 25L, SEEK_SET);    //把文件指针定位于距文件起始处 25 个字节处
fseek(stream, 25L, 1);           //把文件指针从当前位置前移 25 个字节
fseek(stream, -25L, SEEK_END);   //把文件指针从文件尾开始向后退 25 个字节
```

在以文本模式打开的流中，应该限制使用 fseek( )，因为对于字符 carriage return-linefeed 的转换会引起 fseek( )产生意想不到的结果。在文本模式下唯一可以确保的 fseek( )操作：对任何 origin 值偏移 0 个相对值；从文件起始处偏移一个由调用 ftell( )函数得到的值。

函数 ftell( )获取与 stream 相关联文件指针的当前位置，该位置用相对文件头的偏移量表示。

4. 文件状态及错误处理

C 标准库中提供了用于检查是否到达文件尾、出错等状态的函数，以及对文件错误状态进行处理的函数。

（1）函数 feof( )

当读操作试图越过文件尾时，feof( )函数返回一个非零值；否则返回 0。当越过文件尾标志时，读操作返回一个文件尾指示器，直到流关闭，或者调用了函数 rewind( )、fsetpos( )、fseek( )、clearerr( )。举例来说，若文件包含 20 个字节，并且从文件读了 20 个字节，feof( )会返回 0，因为即使文件指针正在文件尾，但是该指针还没有试图越过文件尾。只有当程序试图读第 21 个字节时，feof( )才会返回一个非零值。

（2）函数 ferror( )

函数 ferror( )测试在读写与 stream 相关联文件时是否发生错误。若发生了流错误，流错误指示器保持错误状态，直到流被关闭，或者被重置，或者调用了 clearerr( )。

（3）函数 clearerr( )

函数 clearerr( )重置流的错误指示器和文件尾指示器。错误指示器并不会自动清除，它会一直保留。一旦某个流设置了错误指示器，那么所有对这个流的操作都会返回错误值，直到调用了函数 clearerr( )、fseek( )、fsetpos( )或者 rewind( )。

本章小结

（1）关于流与文件

流是字符序列，在输入输出中是联系外部设备和程序的重要纽带，程序通过流与外部设备实现交互。

流 I/O 是本章重点讨论的流类型，它把数据视为单个字符的流处理。

文件是流 I/O 的一种。文件是一个宽泛的概念，包括键盘、显示器、打印机、磁盘、网络连接设备、通信端口等设备，以及磁盘文件等。stdin、stdout、stderr 是 3 种重要的设备文件，默认它们分别与键盘、显示器相关联。

文件分为文本文件和二进制文件两类，前者便于阅读和理解，后者存储的效率较高。

流缓冲区是流 I/O 用于缓存数据的重要区域。

（2）关于标准 I/O

C 程序中常用的 I/O 函数有 printf( )/scanf( )、getc( )/putc( )、getchar( )/putchar( )、gets( )/puts( )，应熟练掌握它们的用法。

（3）关于文件流

文件指针代表它所指向的文件流。通过文件指针，磁盘文件与文件流相关联。所有读写文件的操作都需要通过文件指针进行。

常用的文件操作主要有 3 步：打开文件、读写操作、关闭文件。每步操作都可调用库函数完成，应重点掌握的是对文件的读写函数。

文件实现了数据的“永续存留”，因此，在应用中有着比较重要的地位。应加强对文件概念的理解以及熟练掌握文件操作。

习　题

1. 分别应用不同的文件 I/O 函数（fgetc( )/fputc( )、fgets( )/fputs( )、fread( )/fwrite( )）实现对文件的复制。

2. 先向文件中写入一批随机数，再把它们读出来，计算它们的平均值，并把平均值写在该文件的最后。

3. 读取 C 程序文件，看看该文件中定义了几个结构类型、枚举类型和联合类型。

4. 读取 C 源文件，把文件中的注释全部删掉，重新写入该文件。

5. 读取 C 源文件，判断该文件中的花括号“{}”是否配对。

6. 编写一个简易的日记系统，每篇日记有日期、关键词、内容等信息。编写函数分别实现：

1)以文件的形式存储某天的日记(可以记在同一个文件中,也可以记在不同的文件中);

2）把某天所记的日记调出来重新回顾;

3）修改日记后重新存入文件。

7. 定义学生结构类型 Student，其成员包括姓名（name）、性别（gender）、考试成绩（score）。编写函数分别实现：

1）向文件中写入 30 名学生的信息；

2）读出这些学生的信息，并统计其成绩；

3）按照成绩排序之后，再写入文件；

4）从文件中读出考试成绩不及格学生的信息；

5）删除文件中存储的不及格学生的信息。

8. 编写一个小型的英语词典，定义单词结构类型，某个单词及其所有条目（可参考某本词典设置相应的成员）都存在文件中。编写函数分别实现：

1）查找某个单词及其所有条目；

2）查找与某个单词相近的其他单词；

3）向词典中增加不存在的单词。

参考文献

陈国良，2012．计算思维导论[M]．北京：高等教育出版社．

何钦铭，颜晖，2015．C 语言程序设计[M]．4 版．北京：高等教育出版社．

赫伯特・希尔特，2003．C 语言大全[M]．王子恢，戴健朋，等译．4 版．北京：电子工业出版社．

教育部高等学校大学计算机课程教学指导委员会，2016．大学计算机基础课程教学基本要求[M]．北京：高等教育出版社．

裘宗燕，2005．从问题到程序：程序设计与 C 语言引论[M]．北京：机械工业出版社．

唐培和，徐奕奕，2015．计算思维：计算学科导论[M]．北京：电子工业出版社．

吴文虎，2004．程序设计基础[M]．2 版．北京：清华大学出版社．

战德臣，聂兰顺，2013．大学计算机：计算思维导论[M]．北京：电子工业出版社．

BOOCHG, RUMBAUGH J, JACOBSONI, 2001. UML 用户指南[M]．邵维忠，等译．北京：机械工业出版社．

BRONSON G J，2006．标准 C 语言基础教程[M]．单先余，等译．4 版．北京：电子工业出版社．

DEITEL H M, DEITEL P J，2005．C 程序设计教程[M]．薛万鹏，等译．北京：机械工业出版社．

DEITEL P.J, DEITEL H.M，2008.C 大学教程[M]．苏小红，等译．5 版．北京：电子工业出版社．

ECKEL B, ALLISON C，2006．C++编程思想，第 2 卷：实用编程技术[M]．刁成嘉，等译．北京：机械工业出版社．

GRIFFITHS D, GRIFFITHS D, 2013．嗨翻 C 语言[M]．程亦超，译．北京：人民邮电出版社．

HORTON I, 2013. C 语言入门经典[M]．杨浩，译．5 版．北京：清华大学出版社．

KELLEY A, POHL I,2007.C 语言教程[M]．徐波，译．4 版．北京：机械工业出版社．

KERNIGHAN B W, RITCHIE D M, 2006. C 程序设计语言[M]．徐宝文，等译．2 版．北京：机械工业出版社．

KING K N,2010. C Programming: A Modern Approach[M]．吕秀峰，黄倩，译．2 版．北京：人民邮电出版社．

KLEMENS B，2015．C 程序设计新思维[M]．赵铁成，徐波，译．北京：人民邮电出版社．

KOCHAN S G，2006. C 语言编程[M]．张小潘，译．3 版．北京：电子工业出版社．

LIPPMAN S B, LAJOIE J, MOO B E, 2006. C++ Primer(中文版)[M]．李师贤，等译．4 版．北京：人民邮电出版社．

PRATAS, 2016. C Primer Plus（中文版）[M]．姜佑，译．6 版．北京：人民邮电出版社．

ROBERTS E S, 2012. C 程序设计的抽象思维[M]．闪四清，译．北京：机械工业出版社．

STEPHENS D R, DIGGINS C, TURKANIS J,et al, 2007.C++ Cookbook（中文版）[M]．金名，等译．北京：清华大学出版社．

BRADLEY L J, AITKEN P, MILLER D，2014. C Programming in One Hour a Day, Sams teach yourself[M]. Indianapolis: Sams.

HARBISON S P, STEELE G L，2002. C: A Reference Manual[M]. 5rd ed．Englewood Cliffs, NJ: Prentice Hall.

KELLY P，1999.A Guide to C Programming[M]. 3rd ed. Dublin: Gill & Macmillan.

附　　录

附录 1　ASCII 码值对照表

ASCII 码值	控制字符	ASCII 码值	控制字符	ASCII 码值	控制字符	ASCII 码值	控制字符
0(00)	NUL	32(20)	(space)	64(40)	@	96(60)	`
1(01)	SOH	33(21)	!	65(41)	A	97(61)	a
2(02)	STX	34(22)	”	66(42)	B	98(62)	b
3(03)	ETX	35(23)	#	67(43)	C	99(63)	c
4(04)	EOT	36(24)	$	68(44)	D	100(64)	d
5(05)	ENQ	37(25)	%	69(45)	E	101(65)	e
6(06)	ACK	38(26)	&	70(46)	F	102(66)	f
7(07)	BEL	39(27)	‘	71(47)	G	103(67)	g
8(08)	BS	40(28)	(	72(48)	H	104(68)	h
9(09)	HT	41(29)	)	73(49)	I	105(69)	i
10(0A)	LF	42(2A)	*	74(4A)	J	106(6A)	j
11(0B)	VT	43(2B)	+	75(4B)	K	107(6B)	k
12(0C)	FF	44(2C)	,	76(4C)	L	108(6C)	l
13(0D)	CR	45(2D)	-	77(4D)	M	109(6D)	m
14(0E)	SO	46(2E)	.	78(4E)	N	110(6E)	n
15(0F)	SI	47(2F)	/	79(4F)	O	111(6F)	o
16(10)	DLE	48(30)	0	80(50)	P	112(70)	p
17(11)	DC1	49(31)	1	81(51)	Q	113(71)	q
18(12)	DC2	50(32)	2	82(52)	R	114(72)	r
19(13)	DC3	51(33)	3	83(53)	S	115(73)	s
20(14)	DC4	52(34)	4	84(54)	T	116(74)	t
21(15)	NAK	53(35)	5	85(55)	U	117(75)	u
22(16)	SYN	54(36)	6	86(56)	V	118(76)	v
23(17)	ETB	55(37)	7	87(57)	W	119(77)	w
24(18)	CAN	56(38)	8	88(58)	X	120(78)	x
25(19)	EM	57(39)	9	89(59)	Y	121(79)	y
26(1A)	SUB	58(3A)	:	90(5A)	Z	122(7A)	z
27(1B)	ESC	59(3B)	;	91(5B)	[	123(7B)	{
28(1C)	FS	60(3C)	<	92(5C)	\	124(7C)	|
29(1D)	GS	61(3D)	=	93(5D)	]	125(7D)	}
30(1E)	RS	62(3E)	>	94(5E)	^	126(7E)	~
31(1F)	US	63(3F)	?	95(5F)	_	127(7F)	DEL

注：各码值（十进制）后面括号中是其十六进制值。

附录2　C语言中的32个关键字

数据类型关键字（12个）		控制类型关键字（12个）		存储类型关键字（4个）	其他关键字（4个）
char	signed	for	if		
int	unsigned	do	else	auto	const
float	struct	while	goto	static	sizeof
double	union	break	switch	extern	typedef
short	enum	continue	case	register	volatile
long	void	return	default		

附录3　运算符的优先级与结合性

优先级	运算符	名称或含义	结合方向	按运算对象个数划分
1	[]	下标运算符	从左到右	
	()	圆括号		
	.	结构体成员运算符		
	->	指向结构体成员运算符		
2	–	负号运算符	从右到左	单目运算符
	++	自增运算符		
	––	自减运算符		
	*	指针运算符		
	&	取地址运算符		
	!	逻辑非运算符		
	~	按位取反运算符		
	（类型）	类型转换运算符		
	sizeof	长度运算符		
3	*	乘法运算符	从左到右	双目运算符
	/	除法运算符		
	%	取余运算符		
4	+	加法运算符	从左到右	双目运算符
	–	减法运算符		
5	<<	左移运算符	从左到右	双目运算符
	>>	右移运算符		

续表

<table>
<tr><th>优先级</th><th>运算符</th><th>名称或含义</th><th>结合方向</th><th>按运算对象个数划分</th></tr>
<tr><td rowspan="4">6</td><td>></td><td>大于运算符</td><td rowspan="4">从左到右</td><td rowspan="4">双目运算符</td></tr>
<tr><td>>=</td><td>大于等于运算符</td></tr>
<tr><td><</td><td>小于运算符</td></tr>
<tr><td><=</td><td>小于等于运算符</td></tr>
<tr><td rowspan="2">7</td><td>==</td><td>等于运算符</td><td rowspan="2">从左到右</td><td rowspan="2">双目运算符</td></tr>
<tr><td>!=</td><td>不等于运算符</td></tr>
<tr><td>8</td><td>&</td><td>按位与运算符</td><td>从左到右</td><td>双目运算符</td></tr>
<tr><td>9</td><td>^</td><td>按位异或运算符</td><td>从左到右</td><td>双目运算符</td></tr>
<tr><td>10</td><td>|</td><td>按位或运算符</td><td>从左到右</td><td>双目运算符</td></tr>
<tr><td>11</td><td>&&</td><td>逻辑与运算符</td><td>从左到右</td><td>双目运算符</td></tr>
<tr><td>12</td><td>| |</td><td>逻辑或运算符</td><td>从左到右</td><td>双目运算符</td></tr>
<tr><td>13</td><td>? :</td><td>条件运算符</td><td>从右到左</td><td>三目运算符</td></tr>
<tr><td rowspan="11">14</td><td>=</td><td>赋值运算符</td><td rowspan="11">从右到左</td><td rowspan="11">双目运算符</td></tr>
<tr><td>/=</td><td>除后赋值</td></tr>
<tr><td>*=</td><td>乘后赋值</td></tr>
<tr><td>%=</td><td>取模后赋值</td></tr>
<tr><td>+=</td><td>加后赋值</td></tr>
<tr><td>−=</td><td>减后赋值</td></tr>
<tr><td><<=</td><td>左移后赋值</td></tr>
<tr><td>>>=</td><td>右移后赋值</td></tr>
<tr><td>&=</td><td>按位与后赋值</td></tr>
<tr><td>^=</td><td>按位异或后赋值</td></tr>
<tr><td>|=</td><td>按位或后赋值</td></tr>
<tr><td>15</td><td>,</td><td>逗号运算符</td><td>从左到右</td><td></td></tr>
</table>

附录 4　常用的 ANSI C 标准库函数

C 语言本身不包含库函数，它是人们根据需要编制并被提供给用户使用的。每一种 C 编译系统都提供了一批库函数，不同的编译系统所提供的库函数的数目和函数名以及函数功能是不完全相同的。美国国家标准协会（ANSI）提出了 C 语言的建议标准，也制定了一批库函数，称之为 ANSI C 标准库函数。更详细的库函数可查阅相关手册。

1. 数学函数

调用数学函数时，应该在源文件中加入以下预编译命令：

```
#include<math.h> 或 #include <cmath>
```

函数名	函数原型	功能	返回值
abs	double abs(double x);	求 x 的绝对值	计算结果
fabs	double fabs(double x);	求 x 的绝对值	计算结果
floor	double floor(double x);	求出不大于 x 的最大整数	该整数的双精度实数
ceil	double ceil(double x);	求出不小于 x 的最小整数	该整数的双精度实数
fmod	double fmod(double x,double y);	求整除 x/y 的余数	返回余数的双精度实数
frexp	double frexp(double val, int * eptr);	把双精度数 val 分解成数字部分（尾数）和以 2 为底的指数 n，即 val=x*2^n，n 存放在 eptr 指向的变量中	返回数字部分 x 0.5≤x<1
modf	double modf(double val, int *iptr);	把双精度数 val 分解成数字部分和小数部分，把整数部分存放在 iptr 指向的变量中	val 的小数部分
pow	double pow(double x, double y);	求 x^y 的值	计算结果
sqrt	doulble sqrt(double x);	计算 $\sqrt{x}$ （x≥0）	计算结果
exp	double exp(double x);	求 e^x 的值	计算结果
log	double log(double x);	求 ln(x)的值	计算结果
log10	double log10(double x);	求 $\log_{10}x$ 的值	计算结果
sin	double sin(double x);	求 sin(x)的值（x 的单位为弧度）	计算结果
cos	double cos(double x);	计算 cos(x)的值（x 的单位为弧度）	计算结果
tan	double tan(double x);	计算 tan(x)的值（x 的单位为弧度）	计算结果
asin	double asin(double x);	计算 arcsin(x)的值（-1≤x≤1）	计算结果
acos	double acos(double x);	计算 arccos(x)的值（-1≤x≤1）	计算结果
atan	double atan(double x);	计算 arctan(x)的值	计算结果
atan2	double atan2(double x, double y);	计算 arctan(x/y)的值	计算结果
sinh	douable sinh(double x);	计算 x 的双曲正弦函数 sinh(x)的值	计算结果
cosh	double cosh(double x);	计算 x 的双曲余弦 cosh(x)的值	计算结果
tanh	double tanh(double x);	计算 x 的双曲正切函数 tanh(x)的值	计算结果

2. 字符函数

调用字符函数时，应该在源文件中加入以下预编译命令：

```
#include<ctype.h> 或 #include <cctype>
```

函数名	函数原型	功能	返回值
isalnum	int isalnum(int ch);	判断 ch 是否为字母(A～Z，a～z)或数字(0～9）字符	若是则返回 1，否则返回 0
isalpha	int isalpha(int ch);	判断 ch 是否为字母（A～Z，a～z）字符	若是则返回 1，否则返回 0
isdigit	int isdigit(int ch);	判断 ch 是否为数字（0～9）字符	若是则返回 1，否则返回 0
isxdigit	int isxdigit(int ch);	判断 ch 是否为十六进制数字(即 0～9，或 A～F、a～f）字符	若是则返回 1，否则返回 0
isspace	int isspace(int ch);	判断 ch 是否为空格、跳格符（制表符）或换行符（ASCII 码值：0x20，0x0C，0x0A，0x0D，0x09，0x0B）	若是则返回 1，否则返回 0
ispunct	int ispunct(int ch);	判断 ch 是否为标点字符（即除字母、数字和空格之外的所有可打印字符）	若是则返回 1，否则返回 0
iscntrl	int iscntrl(int ch);	判断 ch 是否为控制字符（ASCII 码值 0x00～0x1F 和 0x7F）	若是则返回 1，否则返回 0
isprint	int isprint(int ch);	判断 ch 是否为可打印字符（ASCII 码值 0x20~0x7E：0～9，A～Z，a～z，标点符号，空格）	若是则返回 1，否则返回 0
isgraph	int isgraph(int ch);	判断 ch 是否为图形字符（ASCII 码值 0x21~0x7E：0～9，A～Z，a～z，标点符号）	若是则返回 1，否则返回 0
islower	int islower (int ch);	判断 ch 是否为小写字母（a～z）字符	若是则返回 1，否则返回 0
isupper	int isupper(int ch);	判断 ch 是否为大写字母（A～Z）字符	若是则返回 1，否则返回 0
tolower	int tolower(int ch);	将 ch 字符转换为小写字母	返回 ch 对应的小写字母
toupper	int toupper (int ch);	将 ch 字符转换为大写字母	返回 ch 对应的大写字母

3. 字符串函数

调用字符串函数时，应该在源文件中加入以下预编译命令：

```
#include<string.h> 或 #include <cstring>
```

函数名	函数原型	功能	返回值
strcpy	char* strcpy(char* dst, const char* src);	把字符串 src 复制到字符数组 dst 中去	返回 dst
strncpy	char* strncpy(char* dst, const char* src, size_t n);	把字符串 src 中至多 n 个字符复制到字符数组 dst 中去	返回 dst
strcat	char* strcat (char* dst, const char* src);	把字符串 src 追加到 dst 末尾，src[0]替代了 dst 末尾的'\0'	返回 dst
strncat	char* strncat (char* dst, const char* src, size_t n);	把字符串 src 中至多 n 个字符追加到 dst 末尾，src[0]替代了 dst 末尾的'\0'	返回 dst

续表

函数名	函数原型	功能	返回值
strlen	size_t strlen(const char* str);	计算字符串 str 中字符的个数（不包括终止符'\0')	返回字符个数
strcmp	int strcmp(const char*strl, const char* str2);	以字典顺序比较字符串 str1 和 str2	若 str1<str2，为负数 若 str1==str2，返回 0 若 str1>str2，为正数
strncmp	int strncmp(const char*strl, const char* str2, size_t n);	以字典顺序比较字符串 str1 和 str2 中至多 n 个字符	对于前 n 个字符： 若 str1<str2，为负数 若 str1==str2，返回 0 若 str1>str2，为正数
strchr	const char* strchr（const char* str, int ch);	查找字符 ch 在字符串 str 中首次出现的位置	若找到则返回指向该位置的指针，否则返回 NULL
strstr	const char* strstr(const char* str1, const char* str2);	查找字符串 str2 在字符串 str1 中首次出现的位置	若找到则返回指向该位置的指针，否则返回 NULL

4. 输入输出函数

调用输入输出函数时，应该在源文件中加入以下预编译命令：

```
#include<stdio.h> 或 #include <cstdio>
```

函数名	函数原型	功能	返回值
printf	int printf(const char* format, args, …);	按格式控制字符串 format，将输出列表 args 的值输出到标准输出设备 stdout	成功则返回输出字符的个数，否则返回负值
scanf	int scanf(const char* format, args, …);	按格式控制字符串 format，从标准输入设备 stdin 中输入数据，存入 args 所指内存单元（args 为指针）	成功则返回读入并赋给 args 数据的个数，若输入出错则返回 EOF
putc	int putc(int ch, FILE* fp);	把字符 ch 输出到文件流 fp 中	成功则返回该字符，出错则返回 EOF
getc	int getc(FILE* fp);	从文件流 fp 中读取下一个字符	成功则返回所得到的字符，出错则返回 EOF
putchar	int putchar(char ch);	把字符 ch 输出到标准输出设备 stdout	成功则返回字符 ch，否则返回 EOF
getchar	int getchar();	从标准输人设备 stdin 中读取下一个字符，等同于 getc(stdin)	成功则返回字符 ch，若文件出错或结束返回-1
puts	int puts(const char* str);	向标准输出设备 stdout 中输出字符串 str	成功则返回非负值，否则返回 EOF
gets	char* gets(char *str);	从标准输入设备 stdin 中读取字符串存入字符数组 str 中	成功则返回 str，出错则返回空指针

续表

函数名	函数原型	功能	返回值
fopen	FILE* fopen(const char* filename, const char* mode);	以 mode 指定的方式打开名为 filename 的文件	成功则返回一个文件流，否则返回空指针
fclose	int fclose(FILE* fp);	关闭文件流 fp，释放文件缓冲区	成功则返回 0，否则返回 EOF
feof	int feof(FILE* fp);	检查是否到达文件流 fp 的末尾	若到流尾部则返回非 0，否则返回 0
ferror	int ferror(FILE* fp);	测试文件流 fp 是否出错	若文件流出错则返回非 0，否则返回 0
clearerr	void clearer(FILE* fp);	重置文件流 fp 的错误标志和 EOF 指示器	无
fprintf	int fprintf(FILE* fp, const char* format, args, …);	把 args 的值以 format 指定的格式输出到文件流 fp 中	成功则返回输出字符的个数，否则返回负值
fscanf	int fscanf(FILE* fp, const char* format, args,…);	从文件流 fp 中按 format 格式读入数据，存放到 args 所指向的内存变量中（args 是指针）	成功则返回读入并赋给 args 数据的个数，若输入出错则返回 EOF
fputc	int fputc (char ch, FILE* fp);	将字符 ch 输出到文件流 fp 中	成功则返回该字符，出错则返回 EOF
fgetc	int fgetc(FILE* fp);	从文件流 fp 中读取下一个字符	成功则返回所得到的字符，出错则返回 EOF
fputs	int fputs(const char* str, FILE* fp);	将字符串 str 输出到文件流 fp 中	成功则返回 0，出错则返回 EOF
fgets	char* fgets(char* buf, int n, FILE* fp);	从文件流 fp 中读取长度至多为 n-1 个字符，存入起始地址为 buf 的空间	成功则返回地址 buf，出错则返回空指针
fwrite	int fwrite (const void* buffer, size_t size, size_t n, FILE* fp);	把内存数组 buffer 中至多 n 个大小为 size 的数据对象写入文件流 fp 中	成功写入 fp 中的数据对象的个数
fread	size_t fread(void* buffer, size_t size, size_t n, FILE* fp);	从文件流 fp 中读取至多 n 个大小为 size 的数据对象，存放到内存数组 buffer 中	从 fp 中成功读取的数据对象的个数
ftell	long ftell(FILE* fp):	获取文件流 fp 中当前的文件位置指示器	成功则返回文件位置指示器，出错则返回-1
fseek	int fseek(FILE* fp, long offset, int base) ;	将文件流 fp 的文件位置指示器移到“以 base 所指位置为基准，以 offset 为位移量的位置”	成功则返回 0，否则返回非零值
rewind	void rewind(FILE* fp);	把文件流 fp 的文件位置指示器置首部，并清除文件结束标志和错误标志	无
remove	int remove(const char* fname);	删除以 fname 为文件名的文件	成功则返回 0，出错则返回非零值
rename	int remove(const char* oldname, const char*	把名为 oldname 的文件改名为 newname	成功则返回 0，出错则返回非零值

5. 动态存储分配函数

调用动态存储分配函数时，应该在源文件中加入以下预编译命令：

```
#include<stdlib.h> 或 #include <cstdlib>
```

函数名	函数原型	功能	返回值
malloc	void* malloc(size_t size);	从内存中分配 size 个字节的未初始化空间	成功则返回所分配内存空间的起始地址，失败则返回空指针
free	void free (void* p);	释放 p 所指的内存区	无

6. 其他函数

有些函数不能归入某一类，所以单独列出。使用这些函数时，应该在源文件中使用以下预编译命令：

```
#include<stdlib.h> 或 #include <cstdlib>
```

函数名	函数原型	功能	返回值
abort	void abort();	终止不正常的程序	无
exit	void exit (int exit_code);	正常地终止程序。将 exit_code 值返回给调用的过程	无
system	int system(const char* command);	调用命令处理器执行 command 所表示的命令	返回实现过程中定义的值
rand	int rand();	返回范围在 0~RAND_MAX 之间的伪随机数	一个伪随机数
srand	void srand(unsigned seed);	以 seed 值作为伪随机数生成器的种子，以供 rand()产生随机数	无
qsort	void qsort(void* ptr, size_t n, size_t size, int (*cmp)(const void*, const void*));	以升序排列数组 ptr 中的 n 个元素（各元素大小为 size），比较准则为 cmp	无
div	div_t div(int x, int y);	计算 x 除以 y 的商和余数	商和余数所组成的 div_t 类型的变量
ldiv	ldiv_t ldiv(long x, long y);	计算 x 除以 y 的商和余数	商和余数所组成的 ldiv_t 类型的变量
atof	double atof(const char* str);	将字符串 str 解释为一个浮点数	成功则返回 double 值。若转换后的值越界则返回值未定义，若未发生转换则返回 0
atoi	int atoi(const char* str);	将字符串 str 解释为一个整型数	成功则返回整型值。若转换后的值越界则返回值未定义，若未发生转换则返回 0
atol	long atol(const char* str);	将字符串 str 解释为一个整型数	成功则返回整型值。若转换后的值越界则返回值未定义，若未发生转换则返回 0